Monika Schaal & Ursula Breuer

Gastfreundlich?
So gewöhnen Sie Ihren Hund an Besuch

W0100086

Müller
Rüschlikon

Impressum

Reihengestaltung: Petra Pawletko
Einbandgestaltung: Kornelia Erlewein
Titelfoto: Iris Bach
Bildnachweis: Christoph Bächtle: S. 6/7, 9, 16, 18, 19, 71, 73, 88; Carsten Bainski: S. 33; Ursula Breuer: S. 20, 38, 40, 94; Ursula Daugschieß-Thumm: Umschlagseite vorne innen, S. 5, 14, 37, 43, 45, 48, 49, 52, 75, 83, 86/87; Nicole Fink-Schwarz: S. 1, 34, 65; Claudia Gabler: S. 21, 46; Janos Gabler: S. 25, 39; Antje Gudel: S. 11; Ina Rohde-Linnemann: S. 81, 85; ©Adolf Riess/PIXELIO: S. 24; ©Katrin Schamaun/PIXELIO: S. 59.
Bilder im Kolumnentitel: Beate Schwarz, http://fotografie.com-werkstatt
Alle übrigen Bilder stammen von Iris Bach, www.irisbach.de.

Die in diesem Buch enthaltenen Hinweise und Ratschläge beruhen auf jahrelang gemachten Erfahrungen und gesammelten Erkenntnissen in praktischer und theoretischer Arbeit mit Hunden. Alle Angaben wurden gründlich geprüft. Eine Haftung der Autorinnen oder des Verlages und seiner Beauftragten für Personen-, Tier-, Sach- und Vermögensschäden ist ausgeschlossen.

ISBN 978-3-275-01862-8

Copyright © 2012 by Müller Rüschlikon Verlag
Postfach 103743, 70032 Stuttgart
Ein Unternehmen der Paul Pietsch Verlage GmbH & Co. KG
Lizenznehmer der Bucheli Verlags AG, Baarerstr. 43, CH-6304 Zug

1. Auflage 2012

Sie finden uns im Internet unter **www.mueller-rueschlikon-verlag.de**

Nachdruck, auch einzelner Teile, ist verboten. Das Urheberrecht und sämtliche weiteren Rechte sind dem Verlag vorbehalten. Übersetzung, Speicherung, Vervielfältigung und Verbreitung, einschließlich Übernahme auf elektronische Datenträger wie CD-ROM, Bildplatte usw. sowie Einspeicherung in elektronische Medien wie Bildschirmtext, Internet usw. sind ohne vorherige schriftliche Genehmigung des Verlages unzulässig und strafbar.

Gesamtleitung: Claudia König
Lektorat: Steffi Gaede
Innengestaltung: Petra Pawletko
Druck und Bindung: KoKo Produktionsservice, 70900 Ostrava
Printed in Czech Republic

Inhalt

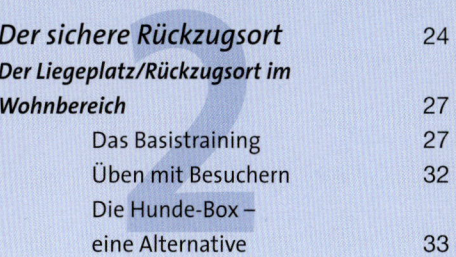

Richtig von Anfang an

Ein paar Gedanken zu Beginn

Wer kennt sie nicht, die vierbeinigen Helden aus Film und Fernsehen. Ob die gute alte »Lassie« aus frühen Filmtagen, Kommissar »Rex« oder der süße kleine Parson Russel Terrier »Kalle«, alle scheinen sie etwas gemeinsam zu haben. Sie können offenbar problemlos unterscheiden, welche Personen gut oder böse sind, welche Haus und Hof betreten und dabei stürmisch begrüßt werden dürfen und welche es mit aller Macht zu vertreiben gilt. In der Praxis erleben wir häufig, dass dieses von den Medien gerne verbreitete Hundebild offenbar von vielen Hundebesitzern als real angesehen wird.

Ein Blick zurück
Hunde als Haustiere gibt es seit ca. zwanzig- bis fünfundzwanzigtausend Jahren. Es gibt viele Vermutungen darüber, wie die Haustierwerdung vonstatten ging. Welche der Theorien letztendlich zutrifft, wird sich wohl nie beweisen lassen. Die Tatsache, dass die Vorfahren unserer Hunde genauso wie die heutigen Wölfe wohl das Bedürfnis hatten, ein bestimmtes Territorium zu besetzen und dieses gegenüber Eindringlingen zu verteidigen, war sicher eine der wichtigsten Eigenschaften, die sie für den Menschen interessant machte. Nimmt ein Wolf die Annäherung eines Eindringlings wahr, so macht er zunächst die anderen Rudelmitglieder durch bestimmte Belllaute auf diesen aufmerksam. Je nach Situation wird die Gruppe dann unter Umständen durch aggressives Verhalten versuchen, den Eindringling von ihrem Territorium fernzuhalten. Sicher bedeutete es für die damaligen

Menschen eine erhebliche Erleichterung, die Bewachung ihrer Wohnstätten nicht mehr alleine organisieren zu müssen. Die bei ihnen lebenden Hunde zeigten die Ankunft von Fremden sicher an und waren vielleicht sogar dazu bereit, im Notfall Eindringlinge abzuwehren. Die Wach- und Schutzfunktion ist bis heute in den meisten Teilen der Welt einer der Hauptgründe geblieben, warum Menschen sich Hunde halten.

Geänderte Bedingungen
In Mitteleuropa und Nordamerika hat sich das Bild in den letzten Jahrzehnten drastisch gewandelt. Der Hund ist zum Freizeitbegleiter

und Familienhund geworden. Vom ihm wird erwartet, dass er sich den unterschiedlichsten Lebenssituationen seiner Besitzer problemlos anpasst und sich anderen Personen und Hunden gegenüber friedlich und freundlich verhält.

Gerade in Bezug auf das Verhalten gegenüber Besuchern stellen wir oftmals hohe Ansprüche an unseren Hund. Die Gäste, die uns willkommen sind, soll er freundlich begrüßen oder sich zumindest neutral ihnen gegenüber verhalten. Viele Hundebesitzer finden es auch selbstverständlich, andere Hundebesitzer mit deren Hund zu sich nach Hause einzuladen – für die meisten Hunde keine einfache Situation. Mancher Hund darf seinen Menschen eventuell sogar mit zum Arbeitsplatz begleiten. Dort sollte er allerdings keine Störungen verursachen und sich mit den ständig ein- und ausgehenden Arbeitskollegen genauso arrangieren wie mit häufig wechselnden Besuchern.

Die Änderung der Ansprüche kam sehr schnell – in vielen Fällen erheblich schneller, als die Wesenseigenschaften der verschiedenen Rassen und Typen (sofern es überhaupt erwünscht war) durch eine gezielte Zuchtauswahl an die neuen Anforderungen hätten angepasst werden können.

Bei den deutschen Schäferhunden ist die Bereitschaft zur Verteidigung des eigenen Territoriums ein erwünschtes Zuchtziel. Beim Pudelpointer spielt diese Wesenseigenschaft keine Rolle bei der Zuchtauswahl.

Welcher Hund passt zu uns?

Bei Hunden gibt es, je nach Rasse und Typ, erhebliche Unterschiede was die Toleranz gegenüber Besuchern angeht. Natürlich spielen die Erziehung und der geschickte Umgang mit der Besucher-Situation ebenfalls eine wichtige Rolle. Angeborene Charaktereigenschaften kann man jedoch nicht gänzlich umerziehen, sondern bestenfalls in gewünschte und akzeptable Bahnen lenken.

Am besten ist es natürlich, wenn sich die zukünftigen Besitzer bereits vor der Anschaffung des Hundes möglichst genau und objektiv darüber informieren, ob die zu erwartenden Charaktereigenschaften des von ihnen favorisierten Hundetyps auch tatsächlich mit ihren Lebensumständen und den Anforderungen an den Hund übereinstimmen. Im Hinblick auf die Verträglichkeit mit Besuchern ist es auch nicht verkehrt, sich ein wenig mit der Vergangenheit der Hunderasse zu beschäftigen. Manchen Besitzern ist beispielsweise nicht bewusst, dass der Hund der von ihnen ausgesuchten Rasse bis vor kurzem noch eine völlig andere Aufgabe hatte, die unter Umständen gar nicht so recht zur Aufgabe eines Familienhundes passt. So wurden beispielsweise der Hovawart, der Rottweiler und die Schweizer Sennhundrassen Appenzeller und Entlebucher Sennhund bis vor zwanzig Jahren fast ausschließlich als Wachhunde auf dem Hof bzw. im Freien gehalten.

Rassebeschreibung – zwischen den Zeilen lesen!

 Klären Sie ab, was mit einer bestimmten Aussage in einer Rassebeschreibung tatsächlich gemeint sein könnte. Eine typische Beschreibung der Charaktereigenschaft einer Rasse könnte zum Beispiel wie folgt lauten:

»Lieb und freundlich gegenüber seinen Menschen – bei Fremden eher misstrauisch und zurückhaltend.«

Was auf den ersten Blick durchaus positiv zu sein scheint, bedeutet im Klartext: Hunde dieser Rasse sind in der Regel freundlich zu Familienmitgliedern, haben aber das Bedürfnis, Fremde (also auch Besucher) von ihrem Territorium fernzuhalten und die Annäherung Fremder an ihren Sozialverband, also ihre Familie, zu verhindern. Lebt ein solcher Hund nun in einer Großfamilie, in der Gäste und Besucherkinder ein und aus gehen, so sind Schwierigkeiten vorprogrammiert, wenn sich der Hund frei in Haus und Hof bewegen darf und jederzeit ungehindert mit den Besuchern zusammentreffen kann.

Bei diesem Welpen handelt es sich um eine Mischung aus Herdenschutzhund und Retriever. Welche Charaktereigenschaften er von seinen sehr unterschiedlich veranlagten Eltern geerbt hat, lässt sich im Moment noch nicht sagen.

Rassen, bei denen zu erwarten ist, dass sie spätestens als erwachsene Hunde territoriale Aggression zeigen werden, sind insbesondere solche, die den sogenannten Herdenschutzhunden zugeordnet werden, wie zum Beispiel der Ungarische Kuvasz und die Türkischen Herdenschutzhunderassen wie Kangal, Karabash und Akbash. Aber auch viele Hütehundrassen wie Hunde vom Typ des Altdeutschen Hütehundes (zum Beispiel Harzer Fuchs, Strobel, Schafspudel), der Australian Shepherd und der Tibet Terrier waren und sind bis heute noch als Wachhunde im Einsatz. Sie bringen häufig eine entsprechende Veranlagung mit – auch wenn gerade die letzen beiden Rassen gerne von Züchtern als besonders familienfreundlich angepriesen werden. Ebenso die sogenannten Gebrauchshunderassen, wie der Deutsche Schäferhund, die holländischen und belgischen Schäferhunderassen (zum Beispiel der Malinois), Dobermann, Hovawart, Rottweiler und Riesenschnauzer zeigen meist eine ausgeprägte territoriale Aggression.

Natürlich gibt es Hunderassen, bei denen freundliches Verhalten gegenüber allen Menschen in allen Situationen schon seit langem ein erklärtes Zuchtziel ist. Hierzu zählen unter anderem der Labrador Retriever und der Golden Retriever. Auch bei vielen anderen Jagdhunderassen wird kein Wert auf ausgeprägte territoriale Aggression gelegt (eine der bekannteren Ausnahmen ist zum Beispiel der Weimaraner). Dies gilt ebenso für die »Gesellschaftshunde«, wie zum Beispiel den Coton de Tuléar, Cavalier King Charles Spaniel, Löwchen, Shih Tzu, Havaneser und Pudel.

Allerdings bedeutet dies nicht automatisch, dass der Umgang mit Besuchern bei Hunden dieser Rassen immer problemlos sein muss. Zum einen gibt es trotz sorgsamer Zuchtauswahl immer wieder Hunde, deren Charakter vom gewünschten Zuchtziel abweicht, weswegen man die Charakterbeschreibung in den Rassestandards als das verstehen sollte, was sie ist: Die Wunschvorstellung des Zuchtverbandes in Bezug auf den in ihren Augen perfekten Hund. So gibt es zum Beispiel durchaus Golden und Labrador Retriever, die sich über Besucher nicht freuen, sondern Kontakten mit diesen eher aus dem Weg gehen und nicht gestreichelt werden wollen oder die Fremde sogar von ihrem Territorium fernhalten möchten.

Zum anderen kann auch bei Hunden, die Besucher lieben, ein freudig erregtes Anspringen und Bedrängen dieser zum großen Ärgernis für Gäste und Besitzer werden.

Und noch etwas sollte man bei der Auswahl des Welpen beachten. Sobald der Kleine in der Lage ist, seine Umwelt wahrzunehmen, beginnt er, von seiner Mutter und ggf. auch von den anderen Hunden zu lernen. Verhält sich die Mutterhündin ängstlich und/oder aggressiv gegenüber Fremden, so lernen die Welpen bereits von Anfang an: Fremde sind eine Bedrohung, die man sich ggf. vom Hals halten muss. Wenn Sie also auf der Suche nach einen Familienhund sind, der sich gut mit Besuchern verstehen soll, so sollten Sie auf jeden Fall Abstand vom Kauf eines Welpen nehmen, dessen Mutter bei Ihrem Besuch beim Züchter wegen aggressiven Verhaltens von Ihnen getrennt werden muss.

Erste Begegnungen mit Besuchern

Lassen Sie dem neu ins Haus gekommen Hund zunächst einmal etwas Zeit, um sich an die neuen Lebensumstände zu gewöhnen. Die neuen Eindrücke und somit auch die Begegnungen mit unbekannten Menschen sollten nicht alle auf einmal auf den Hund einströmen. Sobald der Hund sich im Familienkreis sicher und wohl fühlt, können Sie damit beginnen, ihn auch fremden Personen vorzustellen. Um den Hund dabei nicht zu überfordern, ist es ratsam, zumindest am Anfang die Anzahl der Gäste zu begrenzen, die gleichzeitig zu Besuch kommen.

Wenn Hunde versuchen, eine bestimmte Situation einzuschätzen, die sie noch nicht kennen, orientieren sie sich häufig am Verhalten ihrer Sozialpartner. In der neuen Familie übernehmen meist die Menschen die Rolle des Vorbildes. Hunde beobachten ihre Menschen sehr genau, auch ihre innere Gestimmtheit bleibt ihnen nicht verborgen – selbst wenn die Menschen versuchen, dies nach außen hin nicht zu zeigen.

Soll der Hund nun lernen, dass Besucher kein Grund zur Aufregung sind, ist in erster Linie Ihre Ruhe und Gelassenheit erforderlich. Deshalb müssen Ankunft und Aufenthalt der Besucher möglichst so geplant und gestaltet werden, dass es auch tatsächlich keinen Grund zur Aufregung gibt. Überraschungsbesucher oder Gäste, die Sie selbst durcheinander bringen, sind deshalb zunächst etwas unvorteilhaft.

Wählen Sie für die ersten Besuche nur Personen aus, die keine Angst vor Hunden haben und die in der Lage und willens sind, sich an Ihre Anweisungen zu halten. Das ist nicht immer einfach zu bewerkstelligen. Die selbsternannten Hundekenner in Ihrem Bekanntenkreis werden vermutlich größten Wert darauf legen, den neuen Mitbewohner kennenzulernen, um Ihnen ihr vermeintliches Geschick im Umgang mit Hunden zu demonstrieren. Gerade solche Begegnungen haben jedoch unserer Erfahrung nach oft fatale Folgen. Bei manchen Hundepersönlichkeiten können die

Auch eine nett gemeinte, aber zu heftige Begrüßung kann bei einem entsprechend veranlagten Welpen zu bleibender Verunsicherung führen.

11

ersten Besucherkontakte durchaus mitentscheidend dafür sein, wie der Hund zukünftig auf Besucher reagieren wird. Positive wie negative Einzelerlebnisse haben gegebenenfalls prägenden Charakter. Dies trifft vor allem dann zu, wenn Sie nur wenig Besuch empfangen und der Hund daher nur wenige Gelegenheiten hat, ein einmaliges Erlebnis zu relativieren.

> Sie sind der Besitzer und somit verantwortlich für Ihren Hund. Sie entscheiden, wer mit dem Hund Kontakt haben soll und wer nicht.

Überlegen Sie, wer aus Ihrem Bekanntenkreis geeignet ist, Sie bei einem guten Anfang zu unterstützen. Es gelingt beispielsweise vielen Menschen nur sehr unzureichend, einen herzigen Welpen »einfach nicht zu beachten«, besonders wenn dieser an ihnen hochspringt oder sie auffordernd anbellt.

Umgekehrt kann es durchaus sein, dass der Besitzer selbst seinen neuen Hausgenossen – vielleicht einen 3-jährigen kolossalen Bernhardiner-Rüden – ganz reizend findet und sich sehr über dessen freundliches und verschmustes Wesen freut. Für manche Gäste ist es aber außerordentlich unangenehm, wenn dieser Hund sich Kontakt suchend an sie drängt oder ihnen ständig die dicke Sabberschnauze auf die Beine legt. Nicht alles, was Ihnen angenehm ist, muss auch Ihren Gästen gefallen!

Die Befindlichkeit des Besuchers wird sich in seiner Körperhaltung und Bewegung widerspiegeln. Dies wiederum hat eine bestimmte Signalwirkung auf den Hund. Es macht also wenig Sinn, zu Beginn Personen als »Trainings-Besucher« einzuladen, die es beispielsweise nicht schaffen, einen aufdringlichen Hund konsequent zu ignorieren, sondern durch ihr Verhalten zu erkennen geben, dass ihnen eine Annäherung durchaus willkommen wäre. Genauso unpassend sind Besucher, die Ihnen zwar immer wieder versichern, dass sie keine Angst vor Hunden haben, dann aber in angespannter und verkrampfter Haltung am Kaffeetisch sitzen und dem Hund somit deutlich das Gegenteil signalisieren.

Informieren Sie Ihre Gäste, wenn es im Umgang mit dem Hund etwas zu beachten gibt. Es ist etwas schwierig, wenn Sie Ihren Besuchern zwischen Tür und Angel Verhaltensmaßregeln für den Umgang mit dem Hund geben, während dieser gleichzeitig bereits zwischen ihren Beinen herumspringt oder sie anbellt. Daher ist es ratsam, Ihre Gäste beim ersten Besuch vor der Türe abzufangen und ihnen zu erklären, was sie tun und vor allem was sie vermeiden sollten.

Vermeiden Sie zunächst allzu stürmische Begrüßungen der Gäste, auch wenn Sie sich sehr über deren Erscheinen freuen. Laute Begrüßungsworte, lebhafte Gesten oder gar heftige Umarmungen der Menschen können auf manche Hunde recht bedrohlich wirken.

Lassen Sie Besucher (vor allem Besucherkinder!) und den Hund nie alleine: Das hat nichts mit Misstrauen und überzogener Vorsicht zu tun, sondern Sie vermeiden dadurch unliebsame Zwischenfälle. Ein Gast kann sich plötzlich unsicher fühlen in Gegenwart des Hundes und auch der Hund ist oftmals nicht in der Lage, ohne Ihre Hilfe alle eventuell entstehenden Situationen gut zu meistern.

Futter – ein wunder Punkt: Die Besucher sollten den Hund bitte nicht füttern! Dafür gibt es mehrere Gründe. Zum einen werden insbesondere verfressene Hunde schnell aufdringlich und fangen an, die Besucher anzuspringen, wenn sie von diesen Futter erwarten. Zum anderen ist das, was die Besucher dem Hund mitbringen, nicht immer gut für den Hund. Da wir sehr wohl wissen, dass diese Vorgaben gerade bei Omas, Opas und anderen Familienmitgliedern oftmals nur schwer durchzusetzen sind, schlagen wir diesen Kompromiss vor: Beim Reinkommen ist Füttern strengstens verboten, ebenso, wenn alle am Tisch sitzen und essen. Futter darf dem Hund erst gegeben werden, wenn der Besitzer dies erlaubt. Am besten wird es als Belohnung gegeben, wenn der Hund unter Ihrer Aufsicht für den Besucher ein Kommando wie »Sitz«, »Platz« oder irgendein Kunststück wie »Pfote-Geben« ausgeführt hat. Auf diese Weise können Sie kontrollieren, was und wieviel der Hund bekommt.

Der Welpe

Hundewelpen, also Hunde bis zum Alter von ca. 16 Wochen, sind in der Regel neugierig und aufgeschlossen gegenüber Besuchern. Sie gehen den Gästen entgegen und nehmen Kontakt mit ihnen auf, indem sie an ihnen schnuppern oder hochspringen. Viele Menschen finden Welpen süß – auch wenn sie sonst eigentlich Angst vor Hunden haben. Sie möchten den kleinen Hund gerne anfassen und beugen sich direkt über ihn, um ihn berühren zu können. Gerade Welpen, die den Umgang mit verschiedenen Menschen nicht schon vom Züchter her kennen und wissen, dass sich Menschen in manchen Situationen anders verhalten als Hunde, reagieren darauf mit Unterwerfungsgesten, weil sie sich bedroht fühlen. Sie legen sich auf den Rücken, um den fälschlicherweise als drohend eingestuften Menschen zu besänftigen. Die meisten Artgenossen würden in solch einer Situation dann mit einer Distanzvergrößerung reagieren. Der Mensch hingegen nähert sich oft weiter an und berührt den Hund vielleicht sogar, weil er sein Verhalten nicht richtig interpretieren kann. Das kann dazu führen, dass der bedrängte Welpe anfängt, in hohem Bogen zu pinkeln. Dieses sogenannte Demutsharnen hat nichts mit Unsauberkeit zu tun, sondern ist ein Bestandteil der Unterwerfungsgeste, die dann gezeigt wird, wenn es für den Welpen ernsthaft gefährlich zu werden scheint. Ganz falsch wäre es, den Welpen jetzt auszuschimpfen oder gar zu bestrafen. Er hat aus Hundesicht alles richtig gemacht! Durch eine Bestrafung würde er sich noch mehr bedroht fühlen – und es erst recht laufen lassen. Im dümmsten Fall wird er das für ihn äußerst unangenehme Erlebnis mit der Ankunft von

Es erspart eine ganze Menge Ärger, wenn Sie von Anfang an konsequent sind. Nur so kann der junge Hund das erwünschte Verhalten bei der Ankunft von Besuchern einüben.

Besuchern im Allgemeinen verbinden und von nun an Angst vor ihnen haben.

Wenn ein Hund bereits im Welpenalter massive Angst vor Besuchern hat, die Gäste androht oder gar nach ihnen schnappt, ohne dass diese ihn bedrängt haben, so sollten Sie sich dringend Rat und Hilfe bei einem Experten holen (Adressen siehe Anhang).

Erste Kontakte: Vermeiden Sie jede Art von Hektik beim Ertönen der Türglocke. Gehen Sie ruhig und gelassen zur Türe. Falls Sie Angst haben, dass Ihr Hund beim Öffnen der Türe in den Hausflur oder auf die Straße laufen könnte, sollten Sie ihn vor dem Öffnen der Türe in aller Ruhe und ohne Kommentar anleinen und dann mit ihm zur Seite treten, damit Ihre Besucher ungehindert hereinkommen können. Anstatt den Hund anzuleinen, können Sie ihn zum Beispiel auch im Wohnzimmer oder in einem anderen Zimmer lassen, bis Sie die Besucher hereingelassen haben.

Bitte bestehen Sie darauf, dass die Besucher den Hund zunächst einmal völlig in Ruhe lassen, ihn also weder anschauen noch ansprechen oder anfassen! Wenn der Welpe an den eintretenden Besuchern hochspringt, wenden sich diese am besten kommentarlos vom Hund ab. Die Besucher reagieren auch dann nicht auf den Kleinen, wenn dieser sie anbellt, fiept oder mit »traurigem Blick« anschaut und mit dicken Welpenpfötchen am Fuß kratzt, um beachtet zu werden. Erst wenn sich die Situation – und vor allem der Hund – beruhigt hat, können die Besucher ihn kurz begrüßen, indem sie ihn ansprechen. Nimmt der Hund daraufhin von sich aus Kontakt mit den Besuchern auf, darf er auch gestreichelt werden. Am besten gehen die Besucher dazu in die Hocke, damit der kleine Hund nicht unnötig zum Hochspringen animiert wird und kraulen ihn kurz am Hals oder unter dem Kinn. Wird der Welpe dabei zu stürmisch oder zeigt er Zeichen der Angst, sollten die Besucher sich sofort von ihm abwenden, sich ggf. aufrichten und ihn bis auf Weiteres nicht mehr beachten. Auf diese Weise signalisieren sie ihm am besten, dass sie keinen Kontakt haben wollen. Jedes Wegschieben oder ständiges Einreden auf den Hund (»Komm, sei doch ein Lieber und lass das!«) bedeutet Beachtung und ist für viele Welpen erst recht ein Anlass, sich aufzuregen oder noch mehr um die Aufmerksamkeit der Besucher zu bemühen.

Vermutlich möchten die meisten Gäste auch während des Aufenthalts bei Ihnen immer mal wieder Kontakt mit dem Hundekind aufnehmen. Dies darf jedoch nicht ständig der Fall sein, da bereits der Welpe lernen kann und muss, dass er nicht immer im Mittelpunkt steht. Um es Hund und Mensch leichter zu machen, wenden Sie sich in diesen Phasen der Nichtbeachtung am besten ganz anderen Themen zu. Spricht man nämlich über den Hund, ist es fast schon vorprogrammiert, dass man ihn dabei auch anschaut. Dieses wiederum interpretiert der Kleine als Interesse, er fühlt sich angesprochen und wird vermutlich herbeikommen.

Erlauben Sie einen Kontakt nur dann, wenn der Hund ruhig und entspannt ist und nicht gerade in einem Moment, in dem er aufdringlich Zuwendung einfordert. Die Besucher können versuchen, den Welpen durch freundliches Ansprechen zum Herkommen zu animieren und – wenn dieser darauf eingeht – ihn streicheln oder vielleicht sogar ein wenig mit ihm spielen. Auch hier gilt: Der Kontakt wird sofort abgebrochen, wenn der Hund zu stürmisch wird oder aber Zeichen der Unsicherheit zeigt.

Reagiert der Hund nicht auf die Ansprache durch die Besucher bzw. zeigt er deutlich, dass er keinen Kontakt möchte, muss er in Ruhe gelassen werden! Dies gilt ganz besonders dann, wenn der Hund sich auf seinen Ruheplatz zurückgezogen hat.

»Warum soll er denn nicht beachtet werden, wenn er hochspringt? Warum darf ich nicht darauf eingehen, wenn er so nett Kontakt fordert? Es ist doch noch ein junger Hund und mir macht das nichts aus ...« Diese oder Ähnliche Bemerkungen hört man häufig von Gästen. Auch so mancher Hundebesitzer findet nichts dabei, wenn sein Welpe den Besuch belästigt (»Das wird sich schon noch geben ...«) oder steht etwas hilflos daneben und weiß nicht so genau, ob und in welcher Form er nun reagieren soll.

Wenn der Welpe jedoch ständig die Menschen mit Anspringen begrüßen darf und die Erfahrung macht, dass es sich lohnt, Aufmerksamkeit einzufordern, sind weitere Schwierigkeiten vorprogrammiert.

Das Zerren am Besucherschuh ist nicht besonders gefährlich, es mag sogar lustig ausschauen. Trotzdem sollte man dem Hund bereits im Welpenalter beibringen, welche Verhaltensweisen Menschen gegenüber erlaubt sind und welche nicht!

Was tun, wenn der Welpe sehr aufgeregt auf die Besucher reagiert und sie mit viel Körpereinsatz bedrängt?

Bei einigen Hundepersönlichkeiten reicht Ignorieren nicht aus, sie steigern ihre Bemühungen trotzdem – vor allem, wenn sie bisher mit diesem Vorgehen Erfolg hatten. Spätestens wenn der Welpe in der Kleidung des Besuchers hängt, müssen Sie aktiv eingreifen: Handeln Sie ruhig, aber zielstrebig! Keine langen Reden mit dem Gast (erklären können Sie später) und kein aufregendes Einfangen oder Abwehren des Hundes. Nehmen Sie den Welpen weg, bieten Sie ihm eine Alternative, zum Beispiel indem Sie ihm sein Spielzeug zeigen und ihn kurz (!) dazu animieren, sich mit diesem selbständig (!) zu beschäftigen. Reicht dies nicht aus, um den Welpen wieder zur Ruhe zu bringen, dann entfernen Sie den Hund für eine Zeit lang aus dem Raum und schließen Sie die Türe. Auch dies geschieht sehr gelassen und bestimmt, der Welpe muss auch nur so lange getrennt werden, bis er sich wieder beruhigt hat – oftmals genügen dafür wenige Minuten. Dann darf er wieder mit dazukommen. Fängt er erneut an, den Besucher zu bedrängen, wird er wieder aus dem Raum gebracht. Vielleicht müssen Sie dies mehrmals wiederholen, bleiben Sie dabei ruhig und lassen Sie den Kleinen eventuell ein paar Minuten länger getrennt. Auf keinen Fall reagieren Sie aufgeregt und hektisch, sonst steigert sich auch der Welpe immer mehr in seine Aufregung hinein und lernt genau das Gegenteil!

Sie brauchen auch kein schlechtes Gewissen dabei zu haben, wenn Sie dem Welpen sehr bestimmt, aber auf eine für ihn nachvollziehbare Weise, Grenzen setzen. Auch unter Hunden ist es nicht üblich, dass Welpen tun und lassen können, was sie wollen. Erst durch das Verhalten der erwachsenen Rudelmitglieder ihnen gegenüber lernen sie, welche Regeln im Umgang mit den Sozialpartnern zu beachten sind.

Der erwachsene Hund (Hund aus zweiter Hand)

Wird der Hund von privat übernommen und hatte man die Gelegenheit, ihn in seiner gewohnten Umgebung kennenzulernen, so kann man sich am besten ein Bild davon machen, wie er auf Besucher reagiert. Bei Tierheimhunden ist das oft erheblich schwieriger.

Manchmal erhält man entsprechende Informationen über den Vorbericht des Hundes – vorausgesetzt er konnte vom Tierheim erhoben werden und die darin enthaltenen Informationen werden auch tatsächlich vollständig an den Interessenten weitergegeben. Außerdem zeigen viele Hunde im Tierheim aufgrund der Umstände (viele, oft wechselnde Hunde und Menschen; Ausläufe werden von verschiedenen Hunden nacheinander genutzt) ihr normales Verhalten nur ansatzweise. Dies gilt insbesondere für territoriale Aggression. Nach der Vermittlung kommt es daher nicht selten vor, dass ein Hund, sobald einige Wochen vergangen sind und er sich an sein neues Zuhause gewöhnt hat, beginnt, dieses gegenüber Fremden zu verteidigen.

Weiß man nichts darüber, wie der Hund sich früher gegenüber Fremden verhalten hat, so sollte man bei den ersten Kontakten mit Besuchern besondere Vorsicht walten lassen. Das gilt natürlich auch für Hunde, bei denen bekannt ist, dass sie vor Fremden Angst haben

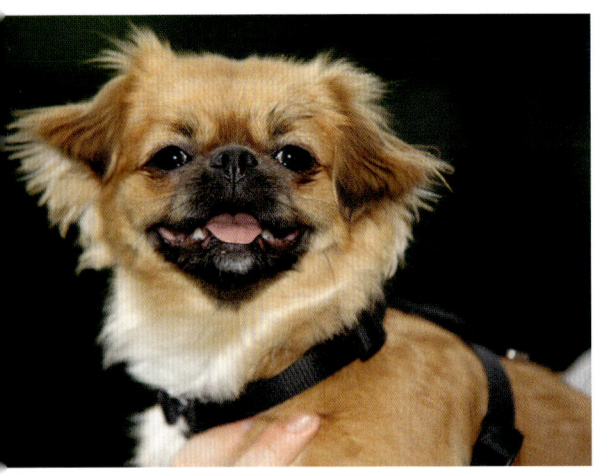

Der Pekingese zählt zu den Begleithunden und sieht für die meisten Menschen recht niedlich aus. Das bedeutet jedoch nicht automatisch, dass er immer freundlich zu den Besuchern ist.

und/oder sich ihnen gegenüber aggressiv verhalten. Hier müssen auf jeden Fall die nötigen Sicherungsmaßnahmen (ggf. Leine und/oder Maulkorb) getroffen werden, damit nichts passieren kann.

Im Prinzip gelten auch bei erwachsenen Hunden die gleichen Regeln, wie wir sie für den Umgang mit Welpen beschrieben haben. Sobald der Hund sich zu seiner neuen Familie zugehörig fühlt, wird er die Personen, die mit ihm zusammenleben, genau beobachten und aus deren Verhalten Rückschlüsse ziehen.

Die ersten Kontakte sollten keinesfalls an einer Engstelle und am besten auf neutralem Gebiet stattfinden. Ihre Besucher könnten beispielsweise vor dem Haus auf der Straße warten. Wenn sie angekommen sind, leinen

Sie den Hund in der Wohnung an und gehen mit ihm nach draußen. Die Gäste stehen am besten nicht direkt vor dem Eingang, sondern ein paar Meter entfernt, denn viele Hunde betrachten die Umgebung um das Haus oder die Wohnung herum ebenfalls als ihr Territorium. Für eher unsichere Hunde könnte die wie eine Mauer direkt vor der Türe platzierte Gästeschar eine zu große Bedrängnis darstellen.

Die Besucher verhalten sich zunächst neutral und schenken dem neuen Hund möglichst wenig Beachtung. Zwingen Sie den Hund keinesfalls dazu, Kontakt mit den Besuchern aufzunehmen. Zeigt er sich zurückhaltend oder weicht aus, dann lassen Sie ihn die Distanz wählen, die er braucht, um sich sicher zu fühlen.

Verhält sich der Hund gegenüber den Besuchern freundlich oder neutral, so können Sie mit den Besuchern in die Wohnung gehen. Lassen Sie die Besucher zuerst hineingehen und gehen Sie mit dem angeleinten Hund hinterher. Dieser Punkt ist sehr wichtig, denn wäre der Hund zuerst in der Wohnung, so hätte er die Möglichkeit zu entscheiden, ob er die Besucher hereinlassen will oder nicht. Wenn alle in der Wohnung angekommen sind und der Hund sich nach wie vor freundlich bzw. neutral verhält, können Sie ihn ableinen. Die Besucher verhalten sich weiterhin genau so, wie wir es bei den Welpen beschrieben haben.

Zeigt der Hund gegenüber den Besuchern bereits auf neutralem Gebiet Drohverhalten oder extreme Ängstlichkeit, so macht es sicher keinen Sinn, Hund und Besucher in der Wohnung zusammenzulassen. Der Hund bleibt in diesem Fall am besten zunächst von den Besu-

Der schwarze Russische Terrier gehört zu den Gebrauchshunden und soll sein Territorium gegenüber Eindringlingen beschützen. Dieser hier ist zudem gerade damit beschäftigt, seine »Beute« zu bewachen – eine fremde Person sollte sich ihm jetzt besser nicht nähern.

chern getrennt. Um einen solchen Hund gut an Besucher zu gewöhnen, benötigen Sie in der Regel viel Zeit und Geduld. Oft ist ein umfangreiches Trainingsprogramm erforderlich (siehe folgende Kapitel), im Zweifelsfall holen Sie sich professionelle Unterstützung.

Freundlichkeit oder Kontrolle?

Nicht immer ist eine ablehnende Haltung des Hundes gegenüber dem Besucher gleich von Anfang an deutlich zu erkennen. Manchmal beginnen Hunde auch ganz langsam damit, das Verhalten und die Bewegungsfreiheit der Besucher einzuschränken, d.h. den Besuchern vorzugeben, ob, wohin und wie sie sich bewegen dürfen. Dazu kann sich der Hund zum Beispiel an Durchgängen quer stellen, so dass die Besucher ihn zur Seite schieben müssten, um an ihm vorbeizukommen. Oft legen sich Hunde auch quer vor die Besucher direkt auf deren Füße, sobald diese sitzen. Gerade dieses Verhalten wird häufig mit einer freundlichen Kontaktaufnahme verwechselt: »Schau mal, der mag mich, der legt sich direkt zu mir!«
Beobachtet man einen Hund, der versucht, die Besucher zu kontrollieren, in solch einer Situation jedoch genau, so kann man erkennen, dass seine Körperhaltung – anders als bei einer freundlichen Kontaktaufnahme – deutlich angespannt ist. Der Kopf ist meist leicht zur Seite gedreht, der Blick starr, der Fang geschlossen. Versucht der Besuch in dieser Situation, den Hund anzusprechen oder gar ihn anzufassen oder wegzuschieben, so passiert es häufig, dass der Hund anfängt zu drohen oder sogar nach dem Besucher zu schnappen. Besitzer und Besucher sind in solchen Situationen oft gleichermaßen überrascht über das Verhalten des Hundes, weil sie die Situation völlig falsch eingeschätzt haben. Der Hund hat jedoch von Anfang an auf seine Art deutlich zum Ausdruck gebracht: »Dich lasse ich hier nicht rein!« bzw. »Du bewegst Dich hier nur, wenn ich es Dir gestatte!«

Bemerken Sie, dass Ihr Hund anfängt, ein derartiges Verhalten gegenüber Besuchern zu zeigen, so entschärfen Sie die Situation zunächst einmal, indem Sie den Hund freundlich zu sich rufen und ihn aus dem Raum bringen. Bitte vermeiden Sie in dieser Situation jede Art von Hektik. Stürmen Sie keinesfalls auf Ihren Hund los – er könnte das als Aufruf zum gemeinsamen Angriff auf den Besucher missverstehen! Sollte er nicht zu Ihnen kommen, so ist ein Griff in die Trickkiste erlaubt: Rascheln Sie mit der Leckerchentüte, gehen Sie in den Flur und klappern Sie mit der Leine, als ob Sie spazieren gehen wollten, öffnen Sie die Kühlschranktür: Hauptsache, der Hund entfernt sich vom Besucher und Sie haben die Möglichkeit, eine Türe zwischen Hund und Besucher zu schließen. Der Hund sollte nun erst einmal nicht mehr mit Besuchern zusammen gelassen werden, bis er durch ein entsprechendes Training gelernt hat, sich von den Besuchern fernzuhalten.

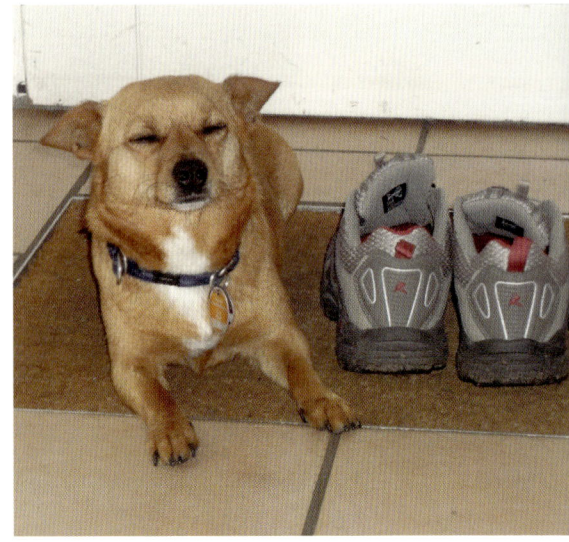

Anbellen von Besuchern

Die meisten Hunde bellen bei der Ankunft von Besuchern. Bellen kann viele Gründe haben: Zum Beispiel kann es dazu dienen, die eigenen Gruppenmitglieder auf einen sich annähernden Eindringling aufmerksam zu machen und gegenüber diesem den eigenen Anspruch auf das Territorium anzuzeigen. Auch in anderen Situationen wird häufig gebellt, so zum Beispiel auch bei der Begrüßung, im Spiel oder bei großer Angst.

Egal aus welchem Grund der Hund bellt: Das Bellen wird fast nur in Situationen gezeigt, in denen der Hund sehr aufgeregt ist. Oft ist sogar die Aufregung selbst der Auslöser für das Bellen.

Dieser Hund reagiert, wie die meisten seiner Artgenossen, mit Bellen auf die Annäherung einer fremden Person.

Aufregung vermeiden

Möchte man erreichen, dass ein Hund bei der Ankunft von Besuchern nicht bellt, macht es daher keinen Sinn, sich beim Training nur auf das Abgewöhnen des Bellens zu konzentrieren. Um einen sicheren Trainingserfolg zu erzielen, ist es unbedingt nötig, das Verhalten des Hundes und seine Erregungslage durch entsprechende Management- und Trainingsmaßnahmen grundsätzlich zu verändern – das Bellen wird dadurch auf ein Minimum reduziert oder unterbleibt ganz (siehe auch die folgenden Kapitel).

Vermeiden Sie in Situationen, in denen der Hund nicht bellen soll, alle Aktionen, die den Hund zum Bellen anregen oder das Verhalten verstärken könnten. Unpassend sind Aufforderungen zur Aufregung, wie zum Beispiel lebhafte Bewegungen und lebhaft gesprochene Ansagen wie: »Gleich kommt die Oma!« oder »Ja, wer kommt denn da?« Es mag anfangs sicher nett sein, wenn der Hund auf die Nennung eines bestimmten Namens hin aufmerksam und freudig zur Haustüre läuft oder fiepend aufspringt, sobald er ein bestimmtes Motorengeräusch oder vertraute Schritte hört. Meist fangen die Hunde jedoch schnell damit an, in solchen Situationen erregt zu bellen – sehr zum Ärgernis für Besitzer, Nachbarn und Besucher.

Bei wachsamen Hundepersönlichkeiten ist es ohnehin nicht nötig, sie auch noch mit aufgeregten Ansagen wie »Horch, da ist doch wer!« in Alarmbereitschaft zu versetzen oder sie auf jedes Geräusch, jeden nahenden Schritt aufmerksam zu machen. Diese Hunde bemerken schon von ganz alleine, wenn sich jemand der Wohnung nähert.

Hunde erkennen auch sofort eine Unstimmigkeit im Verhalten ihrer Menschen und reagieren entsprechend darauf. Wenn Sie beispielsweise den Hund zwar mit Worten zum Ruhigsein ermahnen, aber innerlich voller Stolz den wachsamen Hund bewundern, sich über das überschäumende Temperament Ihres Vierbeiners freuen oder sich selber über den Besucher ärgern, wird er Ihre wahre Stimmung problemlos anhand Ihres Ausdrucksverhaltens (und Ihres Geruchs) erkennen und sich weiterhin aufregen und bellen.
Sie sind das Vorbild Ihres Hundes: Regen Sie sich in einer bestimmten Situation auf, so wird Ihr Hund sich ebenfalls aufregen! Das gilt natürlich auch für Trainingssituationen!

Die Klingel als Signal

Viele Hunde fangen bereits bei Ertönen der Türklingel an, zu bellen und sich aufzuregen – egal, wer klingelt. Sie haben gelernt, dass dem Ertönen der Türklingel die Ankunft von Besuchern folgt, über die sie sich, aus welchem Grund auch immer, aufregen – was wiederum dazu führt, dass sie anfangen zu bellen. Wiederholt sich die Situation regelmäßig, so wird die Türklingel zum Signal für »Aufregen und Bellen«. Besonders verstärkt wird das Verhalten dann, wenn die Besitzer ihrerseits anfangen, gestikulierend und schreiend (»Aus! Pfui! Nein! Lass das!«) hinter dem Hund herzurennen, sobald dieser bellend zur Türe rast. Die meisten Hunde verstehen das Verhalten der

Besitzer keineswegs als Signal, mit dem Bellen aufzuhören. Vielmehr fühlen sie sich dadurch in ihrer Annahme bestätigt, dass Besucher ein echter Grund sind, sich aufzuregen – schließlich verhalten sich ihre Besitzer nur so panisch und hektisch, wenn Besucher kommen ...

Für diejenigen unter Ihnen, die sich im Grunde ihres Herzens einen Beschützer wünschen, aber dennoch einen Hund brauchen,

Wenn der Hund lernen soll, bei der Ankunft von Besuchern nicht zu bellen, dann muss verhindert werden, dass er während der Trainingsphase unkontrolliert Freilauf im Garten hat und somit jederzeit bellend auf ankommende Personen zuspringen kann.

der sich bei der Ankunft von erwünschten Besuchern ruhig verhält, hier ein kleiner Trost: Ihnen willkommene Besucher klingeln in der Regel, wenn sie zu Besuch kommen – Einbrecher tun das nicht.

Wenn Sie dem Hund nun also beibringen, sich bei Besuchern ruhig zu verhalten, die geklingelt haben, so wird er – wenn er dazu veranlagt ist – beim Eindringen unangekündigter Personen in sein Territorium aller Voraussicht nach auch weiterhin bellen.

I. Klingeln ist langweilig

Am besten bringen Sie Ihrem Welpen oder dem neu bei Ihnen eingezogenen Hund von Anfang an bei, dass Klingeln kein Grund zur Aufregung ist. Dazu betätigen Sie selbst immer mal wieder die Klingel oder bitten Sie einige Nachbarn, ab und zu zu klingeln. Bitte sprechen Sie mit den Nachbarn vorher ab, wann sie bei Ihnen »Übungsklingeln«, damit Sie wissen, dass Sie nicht zur Türe gehen müssen, obwohl es geklingelt hat. Sie selbst ignorieren das Klingeln vollständig. Zeigt der Hund durch Bellen oder leises Wuffen an, dass er etwas wahrgenommen hat und/oder läuft er in Richtung Wohnungstüre, so beachten Sie ihn in keiner Weise. Gehen Sie nicht auf ihn ein, machen Sie mit Ihrer derzeitigen Tätigkeit weiter und zeigen ihm durch Ihr Vorbild, dass es keinen Grund zur Aufregung gibt. Dieses Vorgehen können Sie auch anwenden, wenn für den Hund das Klingeln schon zum Signal für Bellen/Aufregung geworden ist. Vermutlich brauchen Sie hier allerdings wesentlich mehr Übungswiederholungen. Das Verhältnis zwischen »Klingeln + nichts passiert« und »Klingeln + Ankunft von Besuchern«

sollte mindestens zehn zu eins betragen, damit das Training auch tatsächlich zum erwünschten Erfolg führen kann.

Hat sich der gewünschte Trainingserfolg schließlich eingestellt, so sollten Sie auf jeden Fall immer wieder »Übungsklingen«, ohne die Türe zu öffnen. Andernfalls wird die Klingel erneut zum Signal für Aufregung.

II. Der Klingelton wird zum Signal für eine Alternativhandlung

Der Hund kann lernen, beim Ertönen der Klingel einen bestimmten Rückzugsort aufzusuchen und dort zu verweilen, anstatt wild bellend zur Türe zu rennen. Diese Variante ist besonders gut geeignet für aufgeregte Hunde, die aus Unsicherheit heraus bellen und hin- und hergerissen sind zwischen Bellend-nach-vorne-Gehen und Zurückweichen. Sie ist auch sinnvoll für Hunde, die (noch) keinen Kontakt zu Besuchern haben sollen. Das genaue Vorgehen haben wir im nachfolgenden Kapitel beschrieben.

> ## Kein Ärger mit den Nachbarn:
>
> Ihr intensives Üben am Bell-Problem wird bei Ihren Nachbarn nicht unbemerkt bleiben. Es ist eine nette Geste, wenn Sie betroffene Mitbewohner vorher informieren, dass in den nächsten Tagen mit verstärktem Bellen zu rechnen ist – dafür müssen sie nach erfolgreichem Training auch weniger Gebell ertragen.

2 Der sichere Rückzugsort

Erfahrungsgemäß treten die ersten Probleme bereits dann auf, wenn Besucher das Haus oder die Wohnung betreten und der Hund in dieser Situation mit dabei ist. Der Hund bellt die Besucher an, springt an ihnen hoch, bedrängt sie oder wuselt zwischen den Beinen herum. Es ist nachvollziehbar, dass sich mancher Besucher in dieser Situation nicht besonders wohlfühlt oder gar Angst vor dem Vierbeiner hat, obwohl sich der Hund »eigentlich« freundlich und friedlich verhält. Manche Hunde versuchen, mit aggressivem Verhalten die Eindringlinge fernzuhalten oder – wie schon beschrieben – die Besucher zu kontrollieren, was schnell zu kritischen Situationen führen kann.

Am elegantesten lassen sich diese Probleme lösen, indem man seinem Hund beibringt, auf Signal an seinen Rückzugsort zu gehen und dort zu bleiben, bis man ihm erlaubt, wieder aufzustehen.

Auch vorbeugend ist ein solches Training sehr zu empfehlen. Es wird vermutlich immer wieder einmal Besuchs-Situationen geben, in denen der Hund nicht hautnah mit dabei sein kann, weil ein länger dauerndes, dichtes Zusammensein mit den Gästen ihn überfordert oder Sie Hund und Besucher nicht ausreichend kontrollieren können. Außerdem ist es vielen Besuchern durchaus angenehm, wenn Sie keinen Kontakt mit dem Hund haben müssen!

Denken Sie auch daran, dass sich das Verhalten Ihres Hundes gegenüber Besuchern im Laufe seines Lebens möglicherweise noch ändern kann. Schuld daran sind manchmal besondere Zwischenfälle mit Besuchern, die dazu führen, dass der Hund Angst vor ihnen hat und er sie sich deshalb von Hals halten will. Viel häufiger können wir jedoch beobachten, dass

sich eine Ablehnung gegenüber Fremden und eine damit verbundene territoriale Aggression erst mit Beginn der körperlichen und geistigen Reife vollständig ausprägen. So kann es durchaus vorkommen, dass ein Hund, der als Welpe Fremden gegenüber neugierig und aufgeschlossen war, als erwachsener Hund keinen Fremden mehr in seinem Territorium duldet. Um späteren Problemen vorzubeugen, sollte man daher insbesondere bei Hunden, die Rassen oder Typen angehören, welche im Erwachsenenalter bekanntermaßen eine ausgeprägte territoriale Aggression zeigen, frühzeitig damit beginnen, bestimmte Verhaltensregeln bei der Ankunft und Anwesenheit von Besuchern zu trainieren.

Außerdem gibt es neben der Ankunft und/oder Anwesenheit von Besuchern noch viele andere Situationen, in denen es eine echte Hilfe ist, wenn man seinen Hund eine Zeit lang »aus

Nicht jeder Gast mag Hundehaare auf dem Teller.

dem Weg« schicken kann. Er muss nicht immer mit dabei sein oder gar ständig im Mittelpunkt stehen.

Wegschicken: »Aber dann lernt er doch nichts! Das ist doch nur für Hundebesitzer, die es sich einfach machen wollen!« Diese oder ähnliche Aussagen hören wir immer wieder. Dazu gibt es Folgendes zu sagen: 1. Einfach im Sinne von »Da braucht man ja gar nichts zu üben!« ist das Training nicht! Das Schicken zu und Verharren an einem bestimmten Rückzugsort ist bei vielen Hunden zwar recht gut trainierbar, aber es steckt eine ganze Menge an Geduld, Konsequenz und Trainingsfleiß dahinter, bis es zuverlässig gelingt.
2. Natürlich lernt der Hund etwas dabei. Vielleicht ändert sich seine Grundeinstellung zum Besucher dadurch nicht (in vielen Fällen ist das auch gar nicht möglich), aber er lernt eine Alternative zu seinem seither gezeigten Verhalten. Wenn ein Hund gelernt hat, ganz selbstverständlich und zuverlässig seinen Rückzugsort aufzusuchen, verlaufen viele Besuchersituationen wesentlich entspannter für Hund und Mensch. Durch das souveräne Schicken an den Rückzugsort zeigen Sie Ihrem Vierbeiner, dass Sie die Situation unter Kontrolle haben und nicht auf seine Mithilfe angewiesen sind. Dies entlastet ihn und entbindet ihn von seiner vermeintlichen Aufgabe, sich mit dem Besucher auseinandersetzen zu müssen.

In diesem Kapitel beschreiben wir verschiedene Rückzugsmöglichkeiten und erklären, wie Sie Ihren Hund daran gewöhnen können. In den folgenden Kapiteln werden wir immer wieder auf das hier beschriebene Training zurückgreifen.

Ein Liegeplatz auf dem Sofa ist nicht grundsätzlich abzulehnen. Für Besucher-Situationen ist dies jedoch eher ungeeignet, weil der Hund ungeschützt und wie auf dem »Präsentierteller« liegt.

Der Liegeplatz/Rückzugsort im Wohnbereich

Viele Hunde verfügen ohnehin bereits über einen bestimmten Platz, zum Beispiel eine Decke oder ein Körbchen, wohin sie sich immer mal wieder von alleine zurückziehen. Im Hinblick auf die Besucher-Situation sollte dieser Rückzugsort so positioniert sein, dass der Hund keinen direkten Kontakt zu den Gästen hat, wenn er dort liegt. **Ungeeignete Stellen** sind daher in der Regel der Eingangsbereich des Hauses, der Flur und alle Stellen, die sich in direkter Nähe zu den Bereichen befinden, an denen die kommenden oder gehenden Besucher vorbei müssen oder an denen sich die Besucher üblicherweise aufhalten. Unpassend ist auch der Bereich unter oder neben dem Esstisch. **Gut geeignet** sind Bereiche, die zwar in Hörweite der Gäste sind, von diesen aber nicht direkt betreten werden. Eventuell muss der Liegeplatz so positioniert werden, dass ein Sichtschutz zwischen Besuchern und Hund besteht. Auf diese Weise kann unter Umständen der nötige Abstand zu den Besuchern verringert werden. Wichtig ist, dass der Untergrund des Liegeplatzes den Bedürfnissen des Hundes angepasst ist. Für Hunde, die gerne weich liegen, wählen Sie am besten eine Matratze o.Ä.

Für Hunde, die lieber auf einem harten Untergrund liegen, ist zum Beispiel eine rutschfeste Matte gut geeignet. Die Grundfläche des Liegeplatzes muss auf jeden Fall so groß sein, dass der ganze Hund entspannt in Seitenlage daraufliegen kann.

Noch etwas gilt es zu beachten: Die optimale Wohlfühltemperatur ist bei Hunden sehr unterschiedlich! Manche mögen und brauchen es warm, andere bevorzugen es kühl – für sie ist es zum Beispiel eine Qual, auf einem Boden mit Fußbodenheizung liegen zu müssen.

Das Basis-Training

Der Rückzugsort darf kein Ort der Strafverbannung sein! Der Hund soll sich dort sicher und wohl fühlen. Es ist deshalb nötig, ein entsprechendes Training zwar konsequent durchzuführen, aber ohne jegliche Aufregung und Stress.

Trainingsvariante I

Diese kann bei vielen Hunden zunächst einmal dazu dienen, den Liegeplatz interessant und angenehm zu machen. Legen Sie mehrmals täglich ein besonders geliebtes Leckerchen auf den Platz, Ihr Hund kann dabei ruhig zuschauen, er wird vermutlich auch sogleich hingehen und das Futter nehmen. Dann gehen Sie dazu über, das Leckerchen in Abwesenheit des Hundes auszulegen. Wenn er dann an seinem Platz vorbeischaut und dort eine Futterbelohnung vorfindet, erhöht sich die Wahrscheinlichkeit, dass er diesen häufiger aufsuchen wird. Begibt sich der Hund von sich aus auf seinen Liegeplatz, loben Sie ihn, jedoch nicht so euphorisch, dass er voll Freude sofort wieder aufspringt. Sie könnten beispielsweise zu ihm gehen und ihm nochmals ein Leckerchen geben.

Wenn der Hund dann zunehmend von sich aus seinen Liegeplatz aufsucht, dann begleiten Sie diese Handlung mit einem ausgewählten Signal (»Geh Körbchen« ö.Ä.).

Es gibt einige Hundepersönlichkeiten, bei denen diese Trainingsvariante ausreicht, damit sie ihren Rückzugsort zuverlässig auf Signal aufsuchen, andere zeigen trotz spannender Belohnung nur wenig Interesse oder die Besitzer haben schlichtweg zu wenig Zeit, um ihren Hund ausführlich zu beobachten und jeden Gang zum Liegeplatz mit einem Signal zu versehen. Wichtig für unser Besuchervorhaben ist jedoch nicht nur, dass der Hund den Platz gerne aufsucht, sondern dass er lernt, zuverlässig auf dem Liegeplatz zu verharren. Dazu ist die folgende Trainingsvariante recht gut geeignet.

Trainingsvariante II

Für die ersten Trainingsschritte werden Sie vermutlich etwas Durchhaltevermögen und Konzentration benötigen. Wählen Sie zum Üben eine Zeit, in der Sie ungestört sind und nicht unter Zeitdruck stehen. Am besten ist es, wenn Ihr Hund schon etwas müde und ausgetobt ist, zum Beispiel nach einem Spaziergang.

Eventuell trägt der Hund während der Übungsphase im Haus immer eine Hausleine. Der Vorteil der Hausleine besteht darin, dass man sie im Bedarfsfall schnell ergreifen und den Hund damit lenken kann, ohne ihn dabei direkt anfassen und/oder erst einmal einfangen zu müssen.

Hausleine:

 Darunter verstehen wir ein Stück Schnur, Kordel, Seil o.Ä., welches mit einem kleinen Karabiner am Halsband oder Geschirr des Hundes befestigt wird. Die Leine sollte ca. 1,5 Hundelängen lang sein und keine Schlaufen, Haken, Knoten oder Ösen aufweisen, damit der Hund nicht irgendwo hängen bleiben kann. Diese Hausleine wird entfernt, wenn der Hund alleine zu Hause ist, bzw. nicht beaufsichtigt werden kann. Achtung: Machen Sie die Hausleine auf jeden Fall schon einige Zeit vor dem Üben am Halsband fest und entfernen Sie diese auch erst, wenn die Trainingseinheit mindestens 30 Minuten vorüber ist. Andernfalls lernt der Hund, dass er nur dann Ihren Anweisungen Folge leisten muss, wenn er eine Schnur am Halsband trägt.

Wählen Sie zwei passende Signale aus, die von allen am Training beteiligten Personen verwendet werden sollten. Signal 1 (zum Beispiel »geh Decke«) bedeutet: »Geh sofort auf deinen Liegeplatz und bleibe so lange dort, bis du ein anderes Signal bekommst.« Signal 2 (zum Beispiel »Lauf« = Auflösesignal) bedeutet: »Steh auf, mach was du willst.«

Phase 1

Sagen Sie das ausgewählte Signal, nehmen Sie – wenn erforderlich – die Hausleine und führen Sie Ihren Hund auf seinen Liegeplatz. Sobald er mit allen vier Pfoten auf dem Liegeplatz steht, bekommt er eine Belohnung.

Liegeplatz-Training: Zu Beginn ist der Hund häufig angespannt und versteht noch nicht so genau, was von ihm erwartet wird.

Oftmals ist ein mehrmaliges Zurückbringen nötig, bis der Hund akzeptiert, dass er seinen Platz im Moment nicht verlassen darf.

Jetzt hat sich der Hund entspannt und akzeptiert, dass er liegen bleiben soll.

Der Hund darf den Liegeplatz erst wieder verlassen, wenn Sie das Auflösesignal gegeben haben. Um dem Hund klar zu machen, dass er jetzt den Platz verlassen darf, können Sie ihn zur Beendigung der Übung zunächst vom Liegeplatz locken und belohnen, sobald er neben dem Liegeplatz steht (Reihenfolge: Auflösesignal sagen; Hund vom Liegeplatz locken; belohnen, sobald er den Platz verlassen hat).

Wenn er den Platz ohne Erlaubnis verlässt, wird er wieder zurückgebracht. Bleiben Sie deshalb zunächst in der Nähe des Hundes, damit Sie ihn sofort korrigieren können. Wichtig beim Zurückbringen ist, dass es zügig und zielgerichtet passiert. Diskutieren Sie nicht mit dem Hund darüber, schimpfen Sie nicht, machen Sie aber auch kein Spielchen daraus. Bleiben Sie ruhig, gelassen und konsequent, auch wenn Sie Ihren Vierbeiner 20 Mal hintereinander auf seinen Liegeplatz bringen müssen.

Achtung Falle: Versuchen Sie nicht, Ihren Hund ständig mit Leckerchen zu animieren, wieder auf seinen Liegeplatz zu gehen. Manche clevere Hunde machen daraus ein nettes Spielchen: Sie stehen auf und lassen sich zurückbringen, um ein Leckerchen zu kassieren, legen sich kurz hin und starten sogleich den nächsten Versuch. Möchten Sie dem Hund eine Belohnung geben, dann nur fürs ruhige Verweilen auf dem Liegeplatz.

Phase 2

In den nächsten Trainingsschritten belohnen Sie den Hund nicht mehr sofort beim Betreten des Liegeplatzes, sondern zögern die Gabe des Leckerchens immer weiter hinaus.

Die meisten Hunde werden sich ganz von alleine hinlegen, wenn es ihnen zu lange dauert, sie aber bereits gelernt haben, dass das Verlassen des Platzes vor Ertönen des Auflösesignals nicht zum gewünschten Erfolg führt. Für das freiwillige Hinlegen wird er mit einem Leckerchen belohnt, die Übung wird aber auch jetzt mit dem Auflösesignal beendet, für dessen Ausführung der Hund ebenfalls belohnt wird. Legt sich der Hund schließlich von alleine hin, wenn er auf den Platz geschickt wird, wird die Liegezeit weiter ausgedehnt. Das Auflösesignal wird erst gegeben, wenn der Hund eine Weile ruhig und entspannt liegen geblieben ist. Wir belohnen den Hund bei diesem Trainingsschritt in der Regel nur noch nach der Gabe des Auflösesignals. Für die meisten Hunde wird dadurch schnell klar, dass es die Belohnung nur dann gibt, wenn sie »brav« liegen geblieben sind, bis sie das Auflösesignal bekommen haben. Diesen Trainingsschritt werden Sie, je nach Hundepersönlichkeit, über mehrere Tage wiederholen müssen, bis der Hund ihn beherrscht. Die Liegezeit sollte dabei möglichst variabel sein (also mal kürzer und mal länger).

Phase 3

Erst wenn der Hund zuverlässig auf seinem Platz bleibt, während Sie in unmittelbarer Nähe sind, können Sie einen Schritt weiter gehen. Entfernen Sie sich etwas vom Liegeplatz, gehen Sie im Zimmer auf und ab, aber bleiben Sie noch im gleichen Raum.

Auch für diesen und alle weiteren Trainingsschritte gilt: Der Hund wird sofort wieder zurück auf seinen Platz gebracht, wenn er diesen unerlaubt verlässt.

Am zuverlässigsten wird der Hund später dann liegen bleiben, wenn Sie zum Beenden der Übung immer zurück zum Liegeplatz des Hundes kommen. So kann sich der Hund daran gewöhnen, dass er nur dann aufstehen darf, wenn Sie das Auflösesignal ganz bewusst und direkt neben ihm geben. Das mag Ihnen jetzt kleinlich erscheinen, Sie können dadurch aber unliebsame Situationen vorbeugen. Wenn Sie das Signal zum Aufstehen auch von einer weiter entfernten Stelle aus geben, so kann es sein, dass der Hund ähnlich klingende Wörter und Gesten von Ihnen, zum Beispiel während der Unterhaltung mit den Gästen mit dem Auflösesignal verwechselt und plötzlich neben Ihnen steht …

Phase 4
Schicken Sie den Hund von anderen, weiter entfernten Stellen des Raumes aus auf seinen Liegeplatz. Achten Sie darauf, dass der Hund auch wirklich auf seinem Platz ankommt. Manche Hunde neigen nämlich dazu, zwar in Richtung des angewiesenen Platzes zu gehen, sich dann aber irgendwo davor ganz »brav« hinzulegen.

Phase 5
Die Zeit, in der der Hund auf seinem Liegeplatz bleibt, wird langsam ausgedehnt.
Natürlich immer in Relation zu seinem Ausbildungsstand. Ein Welpe oder junger Hund hat noch wenig Ausdauer und Konzentrationsvermögen. Er wird nicht so lange verweilen können wie ein erwachsener Hund.

Phase 6
Verlassen Sie ab und zu für kurze Zeit den Raum, in dem sich der Hund aufhält. Wenn der Hund auch dann zuverlässig liegen bleibt, können Sie den Raum auch für längere Zeit verlassen. Kontrollieren Sie aber immer wieder, ob der Hund noch auf seinem Platz liegt.

Phase 7
Wenn der Hund ohne Ablenkung sicher auf dem Liegeplatz bleibt, kann mit leichter Ablenkung geübt werden. Notieren Sie sich dazu am besten alle Situationen, die für ihren Hund Ablenkung bedeuten (ein Familienmitglied kommt zur Türe herein, jemand setzt sich auf den Boden, alle Familienmitglieder stehen fast gleichzeitig auf, usw.) und sortieren diese nach Schwierigkeitsgrad. Beginnen Sie mit der einfachsten Ablenkung. Der Schwierigkeitsgrad wird immer erst dann gesteigert, wenn der vorherige Übungsschritt zuverlässig klappt! Der Hund darf sich nie durch eine Ablenkung so sehr bedroht fühlen, dass er auf seinem Liegeplatz Angst bekommt und sich dort nicht mehr sicher fühlt!

Wichtig!

 Damit der Hund auch zuverlässig liegen bleibt, muss die Übung immer mit dem Auflösesignal beendet werden (Belohnung nicht vergessen!).
Auf dem Liegeplatz wird der Hund in Ruhe gelassen (also auch nicht von den Kindern der Familie oder Besuchern gestreichelt, umarmt usw.). Möchte man zum Beispiel den Hund streicheln, so wird die Liegeplatzübung mit dem Auflösesignal beendet und der Hund herangerufen.

Üben mit Besuchern

Sobald sich Ihr Hund auf Signal auf seinen Liegeplatz schicken lässt und dort zuverlässig bleibt, kommen die Besucher ins Spiel. Machen Sie es sich und Ihrem Hund zunächst einfach: Beginnen Sie mit einer Person, die für den Hund eher uninteressant ist, genug Zeit mitbringt und die sich zuverlässig an Ihre Anweisungen hält. Der Besucher beachtet den Hund in keiner Weise. Er geht nicht auf ihn zu und spricht ihn nicht an. Am besten setzt sich der Gast auf einen Platz, der nicht direkt neben dem Rückzugsort liegt.

Auch wenn es bei den vorherigen Übungsschritten nicht mehr erforderlich war, sollte der Hund bei diesem neuen Übungsschritt zumindest anfangs eine Hausleine tragen. Schicken Sie den Hund auf seinen Platz, **bevor** die Besucher die Wohnung betreten. Am besten geht es, wenn man bei den ersten Übungen zu zweit ist: Eine Person bleibt beim Hund und sorgt ggf. mit Hilfe der Hausleine dafür, dass er auf seinem Platz bleibt, die andere Person geht zur Türe und begrüßt den Besucher. Wenn Ihnen beim Üben kein Helfer zur Verfügung steht, der den Hund »sichert«, können Sie den Hund auch mit einer geeigneten Leine am Liegeplatz festbinden. Diese sollte so lang sein, dass der Hund den Liegeplatz verlassen kann, aber dennoch sicher gestellt ist, dass er nicht bis zu den Besuchern kommt. Ist die Leine zu kurz und selbst dann unter Zug, wenn der Hund mit allen Vieren auf seinem Liegeplatz sitzt, steht oder liegt, so bleibt er später aller Voraussicht nach nur dann zuverlässig auf seinem Platz, wenn er den Zug der Leine spürt! Verlässt der Hund nun seinen Platz, wenn Sie die Besucher hereinlassen, so müssen Sie die

Begrüßung sofort unterbrechen und den Hund auf direktem Weg und ohne viel Gerede wieder auf seinen Liegeplatz bringen. Erst dann können Sie sich wieder Ihrem Besucher widmen. Der Vorgang muss so oft wiederholt werden, bis der Hund tatsächlich auf seinem Platz bleibt. Bitte bleiben Sie auch jetzt beim Üben immer möglichst ruhig und entspannt, auch wenn es viel Geduld von Ihnen verlangt. Lautes Schreien und hektische Bewegungen zeigen dem Hund nur, dass die Situation gefährlich oder zumindest aufregend ist und dass Sie das Geschehen offenbar nicht im Griff haben.

 Ob ein Hund ausschließlich an seinem Rückzugsort verweilen soll oder nach einer gewissen Zeit mit dazu kommen darf, hängt von verschiedenen Faktoren ab. Eine grobe Richtlinie ist: Er darf mit dazu kommen, wenn er zuvor eine Weile ruhig und entspannt auf dem Liegeplatz geblieben ist und wenn von ihm keine Gefahr für die Besucher ausgeht.

Er wird sofort wieder an den Rückzugsort geschickt, wenn er anfängt, die Besucher zu bedrängen, wenn die Besucher sich nicht an die gegebenen Regeln im Umgang mit dem Hund halten oder wenn damit zu rechnen ist, dass das unerwünschte Verhalten des Hundes sehr wahrscheinlich gleich wieder auftreten wird.

Die Hunde-Box – eine Alternative

In manchen Fällen reicht eine Decke oder ein Korb als Rückzugsort nicht aus, selbst wenn diese/dieser sich an einer passenden Stelle befinden/befindet. In solchen Fällen macht es Sinn, eine Box als Liegeplatz anzubieten und und damit zu trainieren.
Eine Box als Liegeplatz kann besonders dann sinnvoll sein, wenn

- die Wohnverhältnisse es nicht zulassen, den Liegeplatz so zu positionieren, dass er sich in ausreichendem Abstand von den Besuchern befindet. Durch den Sichtschutz ist der benötigte Abstand zu den zu den Gästen in der Regel geringer.

- die Gefahr besteht, dass sich der Hund im Zweifelsfall aggressiv gegenüber den Besuchern verhalten könnte (hier bitte nur eine ausbruchssichere Gitterbox oder Flugbox verwenden!).

- uneinsichtige Besucher den Hund auf einem frei zugänglichen Liegeplatz nicht in Ruhe lassen würden.

- leicht erregbare oder sehr aufdringliche Tiere eine klare räumliche Abgrenzung zu den Besuchern räumliche Abgrenzung benötigen, um zur Ruhe zu kommen.

- der Hund sich wohler fühlt, wenn sein Rückzugsort nicht allen Blicken ausgesetzt ist und er sich nicht immer mit mit den Gästen konfrontiert sieht, die ihn beispielsweise ängstigen.

Die Hundebox muss ausreichend groß sein, damit sich der Hund darin bewegen und bequem liegen kann. Soll der Hund für längere Zeit darin verweilen, muss ein Wassernapf zur Verfügung stehen. Wenn es bei sehr großen Rassen schwierig ist, eine passende Box zu finden, könnten Sie eventuell eine Ecke des Flurs oder eines geeigneten Zimmers mit einem Kindergitter abtrennen.
Eine faltbare Stoff-Box ist recht praktisch für eine kurzzeitige Unterbringung. Als Rückzugsort für große oder sehr lebhafte Hunde ist sie aber nicht zu empfehlen. Diese Tiere schaffen es recht leicht, mitsamt der Box durchs Zimmer zu »rollen« oder sie an den Ecken oder am Reißverschluss anzunagen und zu zerstören.

Gitterboxen gibt es in unterschiedlichen Größen. Sie sind sehr stabil, allerdings mögen viele Hunde den Metallboden nicht. Hier muss auf alle Fälle eine passende Unterlage eingebracht werden. In einer Rundum-Gitterbox, die mitten im Raum steht, fühlen sich die wenigsten Hunde wirklich wohl. Um dem Hund zusätzlich Sicherheit zu geben, sollte ein Teil der Box von außen mit einer Decke o. Ä. abgedeckt werden. Die üblichen Transportboxen geben einen guten Rückzugsort ab. Auch hier ist auf eine passende Einlage zu achten, die für den jeweiligen Hund bequem ist!

Gewöhnung an die Hundebox

Manche Hunde nehmen die Box sofort an und man kann recht schnell mit dem eigentlichen Liegeplatztraining beginnen. Andere Vierbeiner benötigen zunächst ein vorbereitendes Training, um sich daran zu gewöhnen.

Platzieren Sie die ausgewählte Box mit geöffneter Türe an der vorgesehenen Stelle. In einem ersten Trainingsschritt machen Sie Ihrem Hund die Box schmackhaft. Dazu folgen Sie der oben beschriebenen Trainingsvariante I. Findet der Hund die Box interessant und nicht mehr irritierend, dann legen Sie einen größeren Kauartikel hinein (Hundekuchen, Trockenpansen, Kauknochen o. Ä.), dadurch wird Ihr Vierbeiner wahrscheinlich etwas länger in seiner Box verweilen. Ganz wichtig hierbei ist, dass die Boxentüre bei diesem Trainingsschritt immer offen bleibt.

Erst wenn der Hund häufig von sich aus die Box aufsucht und auch für einige Zeit dort bleibt, um beispielsweise zu schlafen, seinen Kauknochen zu knabbern oder einfach weil er seine Ruhe haben möchte, dann schließen Sie

in solchen Situation für ein paar Minuten die Boxentüre. Bleiben Sie noch mit im Raum, Ihr Weggehen wäre zum einen für Ihren Hund vermutlich noch eine zu große Herausforderung, zum anderen ist jetzt Ihr gutes Timing gefragt. Anfangs wird die Boxentüre wirklich nur für wenige Minuten geschlossen und bereits wieder geöffnet, ehe der Hund Unruhe zeigt, weil er nicht heraus kann. Die Zeitdauer wird dann zunehmend verlängert.

Sobald der Hund vertraut ist mit seiner Box und entspannt und ruhig bei geschlossener Boxentüre darin verweilt, können Sie mit dem eigentlichen Liegeplatz-Training beginnen (siehe Trainingsvariante II). Das Schließen der Boxtüre ersetzt dann ggf. das Anbinden am Liegeplatz.

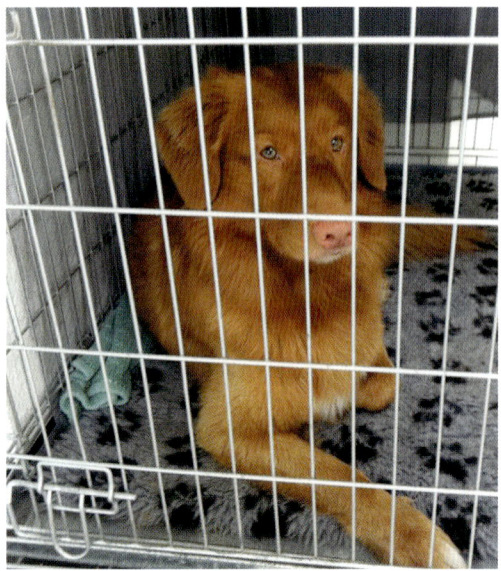

Die Box sollte so platziert sein, dass niemand direkt daran vorbei gehen muss. Ungünstiger Standort: direkt über der Box befinden sich Lichtschalter, welche auch von Besuchern betätigt werden müssen.

Das »Hundezimmer« – mehr Sicherheit für alle

Die Variante »Hundezimmer« unterscheidet sich vom oben beschriebenen Rückzugsort vor allem in zwei Punkten:

1. Der Hund lernt, auf Signal einen bestimmten Raum aufzusuchen, zu dem vor der Ankunft der Besucher die Türe geschlossen wird. Dort muss er jedoch nicht auf einer bestimmten Stelle verharren, sondern er kann sich seinen Liegeplatz in dem Raum selber aussuchen.

2. Die Türe bleibt während der Anwesenheit der Besucher immer geschlossen.

Dies ist beispielsweise eine gute Lösung, wenn es nötig ist, den Hund mit ausreichendem Sichtschutz zum Besucher und Sicherung durch eine geschlossene Türe unterzubringen, aus räumlichen Gründen jedoch keine Hundebox aufgestellt werden kann oder wenn der Hund schon schlechte Erfahrungen mit der Unterbringung in einer Box gemacht hat. Dies ist oft bei Hunden aus dem Ausland der Fall, die – aus welchen Gründen auch immer – zuvor ohne ausreichendes Training in eine Box gesperrt wurden und dort in Panik gerieten. Sehr zu empfehlen ist die Gewöhnung an das »Hundezimmer« auch, wenn von vorneherein feststeht, dass der Hund ohnehin keinen Kontakt zu Besuchern haben soll, zum Beispiel bei sehr ängstlichen oder aggressiven Hunde, als Vorbereitung für bestimmte Besuchssituationen (zum Beispiel ständig ein- und ausgehende Handwerker) oder bei größeren Festen mit vielen Besuchern.

Kriterien für einen geeigneten Raum

Beim »Hundezimmer« sollte es sich um einen Raum handeln, der nicht von den Besuchern betreten werden muss (zum Beispiel Arbeitszimmer, Haushaltszimmer, Schlafzimmer)! Je nach Wohnsituation und Hundetyp kann es auch ein abgetrennter Gartenbereich oder ein Hundezwinger sein.
Voraussetzung ist, dass dieser Bereich den Bedürfnissen des Hundes entspricht (Größe, Raumtemperatur usw.). Im »Hundezimmer« befindet sich ein passender Liegebereich und es steht immer ausreichend Wasser zur Verfügung.
Der Hund muss mit diesem Rückzugsraum vertraut sein (vertraut gemacht werden, s.u.) und sich wohlfühlen!
Der Raum sollte gut erreichbar sein, damit Sie nicht jedes Mal durchs ganze Haus eilen müssen, um den Hund dorthin zu bringen. Und – ganz wichtig – er muss eine sicher schließende Türe aufweisen (eventuell entsprechend kennzeichnen, damit Gäste ihn nicht unaufgefordert betreten).

Gewöhnung an das »Hundezimmer«

Vielleicht haben Sie das Glück, einen Hund zu besitzen, dem es von vorneherein nichts ausmacht, eine Zeit lang alleine bei geschlossener Zimmertüre in einem bestimmten Raum zu bleiben. Bei den meisten Hunden wird jedoch ein vorbereitendes Training nötig sein, damit sie eine solche Situation akzeptieren und sich ruhig und entspannt dabei verhalten können.

Phase 1

Der Hund lernt, auf Signal (zum Beispiel »Pause« oder »Zimmer«) in ein bestimmtes Zimmer zu gehen und dieses auch bei geöffneter Türe nicht zu verlassen. Auf diese Weise wird vermieden, dass der Hund Angst davor bekommt, eingesperrt zu sein. Damit der Hund weiß, welchen Bereich er nicht verlassen darf, sollte die Grenzlinie »Türschwelle« optisch klar erkennbar sein. Ist das nicht der Fall, weil zum Beispiel der Bodenbelag fließend von einem ins andere Zimmer über geht, könnten Sie ein Klebeband im Bereich der Türschwelle auf dem Boden anbringen, das nach erfolgreichem Training – die Türe wird dann ja ohnehin geschlossen – wieder entfernt wird. Beim Üben trägt der Hund auf jeden Fall eine Hausleine. Nun gehen Sie genau so vor, wie bei Liegeplatztraining Phase 1 beschrieben wurde. Der einzige Unterschied besteht darin, dass der Hund nicht auf einem bestimmten Platz bleiben muss, sondern die Türschwelle des »Hundezimmers« nicht übertreten darf. Tut er das doch, wird er wieder zurückgebracht. Auch hier sollten Sie zunächst in der Nähe bleiben, um den Hund ggf. sofort korrigieren zu können. Es ist ganz normal, wenn Sie den Hund anfangs immer wieder zurückbringen müssen.

Hat er schließlich akzeptiert, dass er den Raum nicht verlassen kann – Sie erkennen das zum Beispiel daran, dass er sich nach einem für ihn bequemen Liegeplatz umsieht und darauf niederlässt – können Sie ihn nach einigen Minuten mit einem Auflösesignal und einem Leckerchen zum Verlassen des Zimmers animieren (Auflösesignal sagen; Leckerchen zeigen und Hund damit aus dem Zimmer locken; Leckerchen geben, wenn er draußen ist).

Phase 2

Bitte erst damit beginnen, wenn der Hund zuverlässig bei geöffneter Türe im Zimmer bleibt! In kleinen Schritten wird der Hund nun daran gewöhnt, dass die Türe geschlossen wird. Ablauf: Der Hund wird ins »Hundezimmer« geschickt und die Türe zunächst nur etwa ein Drittel oder zur Hälfte geschlossen. Wichtig ist, dass sich der Hund dabei nicht aufregt, deshalb müssen Sie vermutlich mehrere Tage lang am gleichen Übungsschritt arbeiten. In weiterer Übungsschritten kann nun die Türe immer weiter und schließlich ganz geschlossen werden. Wenn es möglich ist, sollte die Übung immer beendet werden, solange der Hund ruhig und entspannt ist. Hat sich der Hund daran gewöhnt, für kürzere Zeit bei geschlossener Türe im »Hundezimmer« zu bleiben, kann der Zeitraum langsam ausgedehnt werden.

Phase 3

Nun können Sie mit Besuchern üben. Es klingelt – der Hund wird mit dem entsprechenden Signal ins »Hundezimmer« geschickt – Zimmertüre schließen und erst dann gehen Sie zur Eingangstüre.

Tipp:

 Hängen Sie während der Trainingsphase ein Schild an Ihre Türe, beispielsweise mit der Aufschrift »Nur einmal klingeln, ich öffne trotzdem« oder »Es dauert etwas länger, aber ich komme zur Türe«.
Dann können Sie in Ruhe den Hund an seinen Rückzugsort bringen. Es ist sehr unglücklich, wenn Sie versuchen, Ihren Hund entspannt wegzusperren und es währenddessen immer wieder Sturm klingelt.

Die Management-Lösung:

→ Was können Sie tun, solange der Hund noch nicht zuverlässig gelernt hat, seinen ihm zugewiesenen Rückzugsort aufzusuchen, es aber erforderlich ist, den Hund kurz von den Gästen zu trennen oder erst gar nicht mit dazuzulassen?

Auf dem Liegeplatz im Wohnzimmer wird er nicht liegen bleiben und wenn Sie die Türe zum »Hundezimmer« oder der Box schließen, ehe der Hund dort ruhig verweilen kann, laufen Sie Gefahr, dass er Panik bekommt oder lernt, dass es möglich ist, an diesem Rückzugsort zu randalieren. Beides sind keine guten Voraussetzungen für das weitere Training.

Wir empfehlen deshalb, den Hund in solchen Situationen ohne Kommentar und weitere Anweisungen in ein anderes Zimmer zu bringen (nicht das »Hundezimmer« verwenden), eine Zwischentüre zu schließen oder ihn in den Garten zu lassen.

Sinnvoll ist diese Maßnahme auch dann, wenn es sich um ein kurzes Gespräch an der Haustüre handelt (Paketbote, Nachbarin usw.) und Ihre Wohnung eine Zwischentüre zur Diele, zum Wohnzimmer usw. aufweist. Schließen Sie diese, bevor Sie an die Haustüre gehen, anschließend erledigen Sie Ihr Gespräch.

Wenn der Hund wieder mit dazu darf, bzw. der Besuch gegangen ist, öffnen Sie die Türe und tun am besten so, als sei überhaupt nichts gewesen.

Die Kür: Bei Klingeln Rückzugsort!

Der Hund kann bei entsprechendem Training lernen, sich beim Ertönen der Klingel ohne weiteres Kommando, also ganz von alleine, an den von Ihnen gewünschten Rückzugsort zu begeben und dort zu bleiben, bis Sie ihm erlauben, diesen zu verlassen.

Das Training wird folgendermaßen aufgebaut: Sobald sich Ihr Hund auf Signal auf seinen Rückzugsort schicken lässt und dort zuverlässig bleibt, können Sie das Läuten der Glocke mit dem Signal, an den Rückzugsort zu gehen, verbinden. Reihenfolge: Nach dem Klingeln wird sofort das Signal für »geh zu deinem Rückzugsort und bleibe dort« gegeben.

Am Anfang ist es durchaus möglich, die Klingel selber zu betätigen und den Hund daraufhin sofort mit dem trainierten Signal zu seinem Rückzugsort zu schicken (ggf. wieder mit Hausleine arbeiten!). Klappt diese Übung zuverlässig, benötigen Sie Trainingshelfer, die Besucher spielen. Anfangs reicht es, wenn der Helfer nur ein Mal klingelt und dann wieder geht, ohne dass Sie die Türe geöffnet haben. Nun wird es vermutlich einige Wiederholungen brauchen, bis das Ertönen der Türglocke zum Signal für den Rückzugsort geworden ist.

Wenn der Hund beim Ertönen der Glocke schließlich von sich aus seinen Liegeplatz aufsucht bzw. in »seinem« Zimmer verschwindet und dort zuverlässig und ohne sich aufzuregen bleibt, kann damit begonnen werden, die Übungsbesucher hereinzubitten. Der Schwierigkeitsgrad wird dabei genauso in kleinen Schritten gesteigert, wie wir es bereits bei »Üben mit Besuchern«, beschrieben haben.

Wichtig ist, dass das Ritual »Klingeln bedeutet Rückzugsort« konsequent und ohne Ausnahme bei allen Besuchern eingehalten wird. Dies gilt auch für Personen, die der Hund kennt und mag. Andernfalls löscht sich die Signalverknüpfung schnell wieder und Ihr Hund zeigt das Verhalten nicht mehr zuverlässig.

Bei Hunden, die sich bei Ertönen der Klingel bereits heftig aufregen, empfehlen wir, vor Beginn des eigentlichen Trainings die Klingel uninteressant zu machen, wie wir es in Kapitel 1. im Abschnitt »Anbellen von Besuchern« beschrieben haben.

Zu freundlich – ein Problem?

Viele denken beim Thema »Probleme mit Besuchern« sofort an aggressive Hunde, die versuchen, den Besucher zu beißen. In der Praxis erleben wir aber oft, dass auch Hunde zum erheblichen Ärgernis werden können, die sich über Besucher sehr freuen und ständig Kontakt einfordern, indem sie die Gäste anspringen, bedrängen oder zum Streicheln auffordern. Dies ist besonders dann der Fall, wenn ein Besucher ohnehin schon Angst vor Hunden hat oder wenn zum Beispiel bei Kindern oder älteren Menschen zu befürchten ist, dass sie durch den Hund umgeworfen oder gekratzt werden könnten.

Das aufgeregte und überschwängliche Verhalten des Hundes entwickelt sich meist über einen längeren Zeitraum. Anfangs ist dies für Besitzer oder Besucher vielleicht nur ein wenig lästig oder wird mit überschäumender Lebensfreude begründet. So fehlt oftmals der nötige Nachdruck, um gezielt zu üben, denn im Grunde handelt es sich um nette Hunde und es finden sich immer irgendwelche Erklärungen, warum der Hund gerade heute so überaus begeistert reagiert. Manchmal müssen sogar erst die Besucher wegbleiben, damit konsequent an dem Problem gearbeitet wird.

Das »Begrüßungsmissverständnis«

Viele Menschen interpretieren die stürmische Freude eines Hundes bei ihrer Ankunft als ganz besonderen Liebesbeweis ihnen gegenüber und gehen begeistert darauf ein. Wenn wir ihnen dann erklären müssen, dass so manches aufgeregte und überschwängliche Begrüßungsverhalten hausgemacht ist und eher etwas mit Stress und antrainierter Aufregung zu tun hat als mit Liebe, reagieren viele zunächst enttäuscht und haben das Gefühl, dass wir ihnen und dem Hund die Freude nehmen möchten. Das ist keineswegs der Fall.

Schauen wir doch mal, wie eine Begrüßung unter Hunden abläuft. Hunde, die einen anderen freundlich begrüßen wollen, nähern sich diesem mit den typischen Körpersignalen des sozialen Grüßens an. Sie versuchen, den anderen Hund im Schnauzenbereich zu beriechen und zu belecken. Die Körperhaltung ist locker, der ganze Hund ist in Bewegung und wedelt in ausholenden Bewegungen mit der Rute (so es ihm möglich ist).

Natürlich kommt es vor, dass Hunde, die sich gut kennen und mögen oder sich auf Anhieb sympathisch finden, sich gegenseitig relativ ausgelassen begrüßen und vielleicht sogar anfangen, miteinander zu spielen. Dies ist vor allem bei jungen Hunden zu beobachten.

Weitaus öfter jedoch wird der begrüßte Hund – insbesondere dann, wenn er der ältere bzw.

Dieser Hund zeigt deutlich, dass er jetzt kein Interesse am Kontakt mit dem Welpen hat.

gelassenere und/oder ranghöhere ist – das Begrüßungsverhalten des anderen nicht auf die gleiche Weise erwidern, auch wenn er diesen mag und mit ihm offenbar gut befreundet ist. Häufig steht der Begrüßte einfach nur mit lockerer Körperhaltung da und wedelt ein paar Mal mit der Rute. Den Kopf hat er vielleicht sogar ein wenig nach oben gestreckt oder zur Seite gedreht, damit ihn der Begrüßende nicht zu sehr ablecken kann. Die Begrüßung dauert oft nur ganz kurz, dann dreht sich der Begrüßte einfach um und geht, ohne den anderen weiter zu beachten. Hektik und aufgeregtes Verhalten über einen längeren Zeitraum hinweg ist eher selten. Hunde, die sich kaum mehr beruhigen können, werden nach einiger Zeit vom Artgenossen entweder nicht mehr beachtet oder zurechtgewiesen, wenn sie allzu aufdringlich werden.

Wenn Besitzer und Besucher also ständig total begeistert auf die stürmische Begrüßung des Hundes reagieren und dabei selbst aufgeregt herumhopsen, mit den Armen wedeln oder den Hund betatschen und ihn mit aufgeregter, hoher Stimme ansprechen, dann interpretiert der Hund dies auf seine Weise: »Ich habe wohl meine Zuneigung und meine Freundlichkeit noch nicht ausreichend zum Ausdruck gebracht – der Mensch möchte wohl, dass ich noch weitermache. Andernfalls würde der Mensch doch die Begrüßung beenden und sich seinen Aufgaben zuwenden.« Folglich verstärken viele Hunde in solchen Situationen ihr aufgeregtes Verhalten noch mehr, insbesondere dann, wenn sie ohnehin schon ein wenig unsicher sind. Soziales Grüßen und sogenanntes Beschwichtigungsverhalten gehen dabei oft

nahtlos ineinander über. Je mehr der Mensch sich aufregt – sei es nun, weil er sich weiter über das Verhalten des Hundes freut oder weil es ihm zunehmend auf die Nerven geht – desto mehr verstärkt sich auch die Aufregung des Hundes. Eigentlich wäre es spätestens jetzt die Aufgabe des Menschen, die Situation durch Abwenden zu beenden.

Trainingsstrategien

Die Trainingstipps in diesem Kapitel beziehen sich ausschließlich auf Hunde, die sich »zu sehr freuen«, ansonsten aber keine Probleme mit Besuchern haben.
Die freundliche Grundeinstellung des Hundes kann und muss nicht unterdrückt werden.
Es ist jedoch erforderlich, sie in gewünschte Bahnen zu lenken. Dies ist für Sie und Ihre Besucher deutlich angenehmer und erspart auch dem Hund eine ganze Menge Stress.

Ignorieren

Um eine Veränderung zu erreichen, müssen in den meisten Fällen zunächst die Bezugspersonen ihr eigenes Verhalten dem Hund gegenüber in Begrüßungssituationen umstellen. Wenn ein Menschen gegenüber freundlich gesonnener Hund diese ständig mit hoher Erregung und sehr stürmisch begrüßen darf, wird er dieses Verhalten mit großer Wahrscheinlichkeit auch auf Besucher übertragen.
Ziel des Trainings ist daher zunächst, dass der Hund lernt, seine Bezugspersonen ruhig und vorsichtig zu begrüßen, ohne sie anzuspringen oder zu belästigen. Am besten und schnellsten erreicht man dies, indem das aufgeregte

Verhalten des Hundes beim Heimkommen so lange ignoriert wird, bis er sich weitgehend beruhigt hat. Voraussetzung dafür ist, dass die Bezugspersonen nicht nur willens, sondern auch körperlich dazu in der Lage sind, dem sie gegebenenfalls anspringenden oder sie bedrängenden Hund im wahrsten Sinne des Wortes »Stand zu halten« und sich von ihm abzuwenden. Ist der Hund zu groß und/oder zu stürmisch für die betroffenen Personen (zum Beispiel Kinder, Menschen mit körperlichen Einschränkungen etc.), ist diese Methode allein nicht geeignet.

Der Besucherin ist es leider nicht möglich, den sie stürmisch anspringenden Hund zu ignorieren. Es muss also ein anderer Trainingsansatz gefunden werden.

Vorsicht:

→ Bei Hunden die schnell aggressiv reagieren, wenn sie frustriert sind, ist dieses Vorgehen für den Laien nicht zu empfehlen. Der Hundebesitzer sollte durch einen Fachmann beim Training begleitet werden. Dieser kann besser einschätzen, wie der Hund in einer bestimmten Situation reagieren wird und entsprechende Anleitung geben.

Üben mit Bezugspersonen

- Ignorieren Sie den Hund vollständig, wenn Sie nach Hause kommen und er aufgeregt um Sie herumhopst, Sie bedrängt oder an Ihnen hochspringt.
  Ignorieren bedeutet: nicht anschauen, nicht anfassen, nicht ansprechen – also auch nicht schimpfen oder wegstupsen!

- Springt er Sie an, so machen Sie einfach einen Schritt zurück und wenden Sie sich dabei abrupt vom Hund ab – der Hund rutscht dadurch ab und steht wieder mit allen Vieren auf dem Boden.

- Sollte er erneut versuchen Sie anzuspringen, so wiederholen Sie die Prozedur so oft, bis der Hund damit aufhört.

- Wichtig: Immer ruhig und gelassen bleiben, nicht schimpfen oder den Hund aus dem Weg schieben. Je gelassener und cooler Sie sind, umso eher wird der Hund verstehen, dass Sie im Moment kein Interesse daran haben, sich von ihm auf diese Weise begrüßen zu lassen.

- Beim Betreten der Wohnung ist es sinnvoll, zunächst einmal einfach zügig weiterzugehen und dem Hund somit keine Möglichkeit zum Anspringen zu bieten. Am besten erledigen Sie zielstrebig einige Dinge, wie zum Beispiel die Tasche in der Küche abstellen, den Mantel ausziehen, auf die Toilette gehen etc., ohne den Hund dabei zu beachten.

- Ihre Aufmerksamkeit bekommt der Hund erst dann, wenn er sich weitestgehend beruhigt hat und keine Anstalten mehr macht, Sie anzuspringen oder zu bedrängen.

- Jetzt können Sie ihn freundlich ansprechen und ihm Ihre Hand anbieten, damit er diese beschnuppern und sie, sofern Sie dies möchten, ablecken kann.

- Sie können ihn jetzt auch kurz streicheln (am besten unter den Ohren, seitlich an der Schnauze oder unter dem Kinn). Bleiben Sie dabei aber ruhig und gelassen. Zu schnelle Bewegungen und eine hektische Ansprache mit lauter hoher Stimme regen den Hund nur unnötig auf.

- Wenn der Hund sich darüber erneut aufregt und damit beginnt, Sie anzuspringen oder zu bedrängen, so wenden Sie sich einfach kommentarlos von ihm ab und ignorieren ihn, bis er sich wieder beruhigt hat.

Auf diese Weise zeigen Sie Ihrem Hund, dass Sie ihn sehr wohl mögen – gleichzeitig lernt er aber auch, dass übermäßige Erregung nicht zum erwünschten Kontakt mit seiner Bezugsperson führt.

Zwischenstufe für sehr aufgeregte Hunde

Hier reicht das normale, tägliche Heimkommen der Bezugspersonen meist nicht aus, um gute Trainingsfortschritte zu erreichen. Die Anzahl der Begrüßungen ist oftmals zu gering und wegen der hohen Anspannung benötigen viele Hunde ein besonders korrektes und ruhiges Vorgehen ihrer Menschen. Für manchen Hundebesitzer ist dies im Alltagsgeschehen nicht immer ganz einfach.

Ein besonders geeignetes Familienmitglied übernimmt deshalb das Haupttraining, die anderen halten sich jedoch ebenfalls an die oben beschriebenen Regeln. Für die ersten Trainingseinheiten sollte möglichst wenig Ablenkung herrschen und genügend Zeit eingeplant werden.

Die Trainingsperson geht nun während einer Übungseinheit mehrmals hintereinander aus der Wohnungstüre, verharrt kurz außerhalb, betritt dann wieder die Wohnung und geht ihren Angelegenheiten nach (zum Beispiel setzt sich hin, geht in die Küche usw.). Der Hund wird dabei in keiner Weise beachtet. Die Sequenz sollte nun mehrmals wiederholt werden und zwar so oft, bis das Raus- und Reingehen dermaßen selbstverständlich und langweilig für den Hund geworden ist, dass er schließlich kaum noch Notiz von der zurückkommenden Trainingsperson nimmt.

In den nächsten Übungseinheiten sollten die Abstände, in denen die Wohnung verlassen wird, variieren: mal kurz hintereinander, mal erst nach 15 Minuten usw. Ebenso sollte die Verweildauer außerhalb der Wohnung variieren. Achten Sie bei diesen Hunden besonders genau darauf, wann Sie sich dem Tier zuwenden und es begrüßen. Viele Hunde erscheinen nach einiger Zeit zwar äußerlich ruhiger, sie setzen/legen sich hin, innerlich jedoch sind sie weiterhin total angespannt. Wenn Sie dem Hund jetzt Aufmerksamkeit geben, dann belohnen Sie ihn für sein angespanntes Verhalten. Er lernt dadurch höchstens, eine Weile angespannt durchzuhalten, kommt so aber nicht zur Ruhe.

Üben mit Besuchern

Hat der Hund gelernt, Bezugspersonen ruhig zu begrüßen, kann man damit beginnen, das Gelernte auf Besuchersituationen zu übertragen.

Dies wird vermutlich nicht auf Anhieb und auch nicht mit allen Besuchern gleichermaßen gelingen. Wählen Sie deshalb für die ersten Kontakte nur Personen aus, die keine Angst vor Hunden haben und körperlich dazu in der Lage sind, einen anspringenden Hund abzuwehren. Für die Trainings-Besucher gelten die gleichen Regeln wie für die Bezugspersonen. Informieren Sie Ihre »Hilfskräfte« schon vorher über ihre Aufgabe, damit diese wissen, was auf sie zukommt und wie sie sich verhalten müssen. Wenn das Trainingsziel erreicht wurde, müssen sich die Bezugspersonen und die Besucher unbedingt weiterhin an die vorgegebenen Regeln halten, da der Hund sonst wieder damit beginnen wird, das alte, unerwünschte Verhalten zu zeigen.

Alternative erlernen

Es ist nicht immer möglich, das Ignorieren als (einzigen) Trainingsansatz zu verwenden. Für einige Hundepersönlichkeiten ist es sehr schwierig, wenn sie allein durch »Nicht-Beachtung« zur Ruhe kommen sollen. Ihnen muss man eine geeignete Alternative für das unerwünschte Verhalten beibringen.

Manchmal verhalten sich Hunde zwar bei der Begrüßung ihrer Bezugspersonen ruhig und vorsichtig, bei Besuchern hingegen sind sie aufgeregt und ungestüm. Natürlich ist das Hundeverhalten häufig eine Reaktion auf das Verhalten der Besucher, die zum Beispiel trotz gegenteiliger Anweisungen den Hund weiterhin stürmisch begrüßen oder sehr unklar oder ungeschickt reagieren: einerseits möchten sie den Hund begrüßen, andererseits wird es ihnen schnell zu lebhaft und sie wehren den Vierbeiner ab. Es ist manchmal einfacher, den Hund zu erziehen, als die Besucher.

Ein Vorschlag zur Lösung des Problems: Nehmen Sie Hund und Besuchern die Entscheidung ab. Der Hund lernt, sich bei der Ankunft von Besuchern in ausreichender Entfernung zu diesen hinzusetzen oder (besser!) zu legen. Er darf erst auf Signal Kontakt zu ihnen aufnehmen, wenn sich die Situation beruhigt und/oder die Besucher sich gesetzt haben.

Der kleine Bernhardiner hat bereits gelernt, sich bei der Ankunft von Besuchern zurückzuziehen und sich diesen erst dann zu nähern, wenn er die Erlaubnis dazu bekommt.

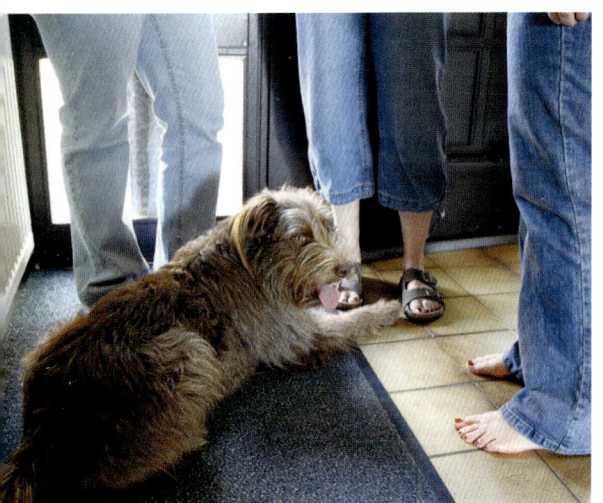

Der Hund könnte sich unwohl fühlen, wenn die Besucher so dicht um ihn herumstehen.

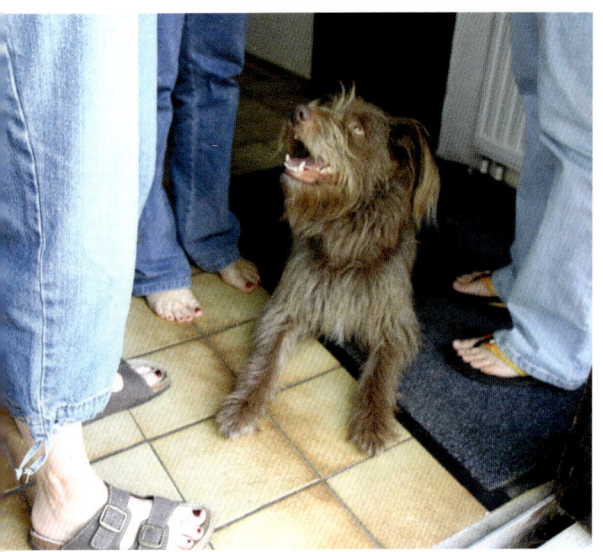

Der ablenkende Reiz durch die Besucher ist zu groß, die kleinste Bewegung reicht aus und der Hund wird aufspringen.

Üben mit Bezugspersonen

Je nach Ausbildungsstand des Hundes müssen Sie zunächst mit ihm das Ablegen/Absetzen und Verharren auf einer zugewiesenen Stelle trainieren. Erst wenn sich der Hund auf Ihr Signal hin zum Beispiel zuverlässig hinsetzt/-legt und sitzen-/liegen bleibt, während Sie beispielsweise in der Diele hin und her gehen, sich die Jacke an- und ausziehen usw., können Sie einen Schritt weiter gehen. Sie öffnen die Wohnungstüre, gehen hinaus, kommen wieder zurück. In dem Moment, in dem Sie die Wohnung betreten, geben Sie das Signal zum Hinsetzen oder Hinlegen. Vermeiden Sie in dieser Trainingsphase noch allzu lebhafte Bewegungen beim Hereinkommen und geben Sie das Signal mit ruhiger Stimme. Das Hinsetzen oder Hinlegen und Bleiben muss dann über mehrere Tage, am besten mehrmals täglich geübt werden, wobei Sie die Verweildauer auf dem zugewiesenen Platz zunehmend ausdehnen können. Im nächsten Übungsschritt kann mit steigendem Ablenkungsrad geübt werden. Eine Ablenkung könnte sein, dass Sie mit unterschiedlicher Dynamik zur Türe herein kommen, eine Tasche tragen usw.

Üben mit Besuchern

Beginnen Sie mit einer Person, die für den Hund eher uninteressant ist und sich sehr ruhig verhält. Um ausreichend Trainingsmöglichkeiten zu haben, muss pro Woche mehrmals mit geeigneten Besuchern geübt werden können. Ihr Helfer klingelt, Sie geben dem Hund das Signal zum Hinsetzen/Hinlegen, gehen ruhig zur Türe – bleibt der Hund auf seiner Position, öffnen Sie – steht er auf, wird die Türe sofort wieder geschlossen. Sie bringen den Hund wie-

Manche Hunde nehmen bei der Ankunft von Besuchern Gegenstände in den Fang oder tragen ständig ihr Spielzeug mit sich herum. Anders als beim erlernten Apportieren machen sie das meist nicht, um den Gegenstand dem Besucher zu bringen, sondern nutzen ihn vielmehr dazu, um darauf herumzukauen und sich dadurch abzureagieren. Versucht der Gast nach dem Gegenstand zu greifen oder den Hund zum Hergeben zu bewegen, kann es durchaus sein, dass der Hund dadurch erst recht in Stress gerät, ausweicht oder sogar mit Drohgesten reagiert.

der auf seine Position und starten den nächsten Versuch.

Lassen Sie sich nicht aus der Ruhe bringen, auch wenn Sie dem Gast mehrmals die Türe direkt vor der Nase schließen müssen. Ihre Ausdauer und Gelassenheit zahlt sich aus. Der Gast darf erst hereinkommen, wenn der Hund tatsächlich ruhig auf seinem Platz verharrt.

Der Schwierigkeitsgrad sollte immer erst dann gesteigert werden, wenn der vorherige Übungsschritt sicher klappt. Manchmal kann es auch erforderlich sein, einen Übungsschritt relativ oft zu wiederholen, bis er wirklich sitzt. Vielleicht ist es auch im Laufe des Trainings nötig, nochmals einige Schritte zurückzugehen, zum Beispiel weil es eine längere Trainingspause gab. Der Hund darf auf jeden Fall immer erst dann aufstehen, wenn er sich ausreichend beruhigt hat, nicht jedoch, solange er noch angespannt in den »Startlöchern« sitzt.

So hilft der Rückzugsort

Anstatt den Hund im Eingangsbereich absitzen/abliegen zu lassen, könnten Sie ihn auch auf seinen Liegeplatz schicken. Dies machen Sie beispielsweise dann, wenn der Hund eine größere Distanz zum Besuch benötigt, um zur Ruhe zu kommen. Etwas Abstand macht die Situation auch für viele Besucher leichter. Manche tun sich doch recht schwer damit, den Hund zu ignorieren oder sich »ganz normal« und entspannt zu verhalten, solange sich der stürmische Vierbeiner in ihrer unmittelbaren Nähe befindet.

Der Hund darf den Rückzugsort erst wieder verlassen und Kontakt mit den Gästen haben,

Auch Freundlichkeit hat Grenzen! Es erfordert viel Toleranz vom Gast, wenn er das Sofa mit dem Hund teilen muss.

wenn er sich zuvor völlig ruhig verhalten hat und eine Weile problemlos auf seinem Liegeplatz geblieben ist. Bedrängt er dann die Besucher erneut oder fängt er gar an, zu bellen, so wird er wieder auf den Liegeplatz geschickt.

Nützen Sie den Liegeplatz, um unerwünschtem Verhalten vorzubeugen: Sie kennen Ihren Hund und wissen, in welchen Situationen er vermutlich wieder damit beginnt, sich begeistert auf die Gäste zu stürzen oder überschwänglich Kontakt einzufordern. Beispielsweise, wenn die Besucher aufstehen, sich lebhaft bewegen, während der Verabschiedung oder allgemeiner Aktivitäten. Schicken Sie Ihren Hund auf seinen Rückzugsort und zwar am besten, ehe diese Aktivitäten beginnen.

Ein Rückzug ins »Hundezimmer« oder die Box, zu welchem die Türe bei Bedarf auch geschlossen werden kann, ist dann anzuraten, wenn sich Besucher nicht an die vereinbarten Regeln halten (zum Beispiel den endlich entspannt liegenden Hund nicht in Ruhe lassen oder gar sein stürmisches und aufdringliches Verhalten lustig finden und durch ihr eigenes Verhalten noch weiter fördern). Natürlich ist dies äußerst unhöflich von Ihren Gästen, aber auch hier gilt: Der Klügere gibt nach! Letztendlich ist es besser, den Hund separat unterzubringen, als immer wieder Trainingsrückschläge in Kauf nehmen zu müssen – außer Sie verzichten in Zukunft auf diese Besucher.

Angst vor Besuchern

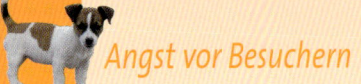
Wie sich ein Hund in bestimmten Situationen fühlt, hängt von mehreren Faktoren ab: Erlebnisse und Eindrücke während der ersten Lebenswochen, aber auch später gemachte Erfahrungen, spielen eine wichtige Rolle. Im Zusammenspiel mit der körperlichen Verfassung und der erblichen Veranlagung ergibt sich das aktuell gezeigte Verhalten.

Besonders ängstlich gegenüber Menschen sind oft Hunde aus Massenzuchten, bei denen weder Wert auf die Charaktereigenschaften der Elterntiere noch auf eine gute Aufzucht gelegt wird. Nicht selten werden die Welpen ohne ausreichenden und angemessenen Kontakt mit Umwelteinflüssen oder anderen Hunden und Menschen aufgezogen. Häufig werden sie auch viel zu früh von der Mutter getrennt.

Eine ausgeprägte Unsicherheit oder sogar Angst gegenüber Menschen müssen wir leider auch oft bei Hunden erleben, die aus dem Ausland importiert wurden und dort zuvor halbwild als Straßenhunde lebten. Oft sind diese Hunde den Menschen dort lästig und werden deshalb vertrieben, eingefangen oder getötet. Die besten Überlebenschancen haben unter diesen Bedingungen jene Hunde, die eine gewisse Scheu Menschen gegenüber zeigen und sich bei deren Auftauchen zurückziehen. Auch nach ihrer »Rettung« und Unterbringung bei neuen Besitzern bleiben diese Hunde oft extrem scheu gegenüber fremden Personen und reagieren aggressiv, wenn sie nicht die Gelegenheit bekommen, ihnen auszuweichen.

Dieser Hund ist unsicher und weiß noch nicht, wie er die Situation einschätzen soll.

Grundsätzliche Überlegungen

Ängstliche Hunde werden gerne bedauert und mit wohlmeinenden Gesten überhäuft. Gerade sehr fürsorgliche Hundebesitzer und Besucher möchten damit zum Ausdruck bringen, dass sie die Angst wahrnehmen und dem Hund gerne helfen möchten. Leider ist dies für die meisten Hunde keine Hilfestellung, sondern bewirkt eher das Gegenteil: Liebevolle Zuwendung durch die vertrauten Bezugspersonen in Momenten, in denen der Hund eine Angstreaktion zeigt, belohnt ihn unter Umständen für seine Angst. Durch die besondere Zuwendung und Ansprache durch fremde, ihn ängstigende Personen fühlt sich der Hund erst recht bedrängt und bedroht. Dazu kommt noch, dass der ganze Trubel bei der Ankunft der Besucher den Hund in seiner Annahme bestätigt, dass es sich hier um eine besondere Situation handelt, in der man am besten besondere Vorsicht walten lassen sollte.

Aus ängstlichem Verhalten kann sehr schnell aggressives Verhalten entstehen. Fehler bei der Beurteilung einer Situation oder ungeeignete Trainingsschritte führen oftmals nicht nur zu einer Steigerung des Problems, sondern auch zu gefährlichen Situationen.

Angst/Unsicherheit erkennen

Die optischen Signale, die ein Hund bei großer Angst zeigt, werden vom Hundebesitzer und auch von Besuchern fast immer wahrgenommen: Die Rute klemmt zwischen den Beinen, die Gliedmaßen sind eingeknickt, die Ohren (soweit möglich) werden ganz nach hinten bewegt, der Lippenspalt ist leicht nach hinten gezogen und die Stirn- bzw. Kopfhaut straff gespannt. Der Blick ist unruhig und die Pupillen sind weit geöffnet.

Bei leichter Angst und Unsicherheit werden all diese Signale nur ansatzweise und weniger deutlich gezeigt und sind eventuell dadurch wesentlich schwerer zu erkennen. Oftmals werden sie nur ganz kurz oder im Wechsel mit anderen Signalen gezeigt. Ist sich der Hund zum Beispiel gerade nicht sicher, ob er sich über den Besucher freuen oder sich vor ihm fürchten soll, so können sich die Ausdrucksmerkmale für Freude und Angst überlagern bzw. innerhalb von Sekundenbruchteilen wechseln, je nachdem, welches Gefühl beim Hund gerade überwiegt. Dies ist vor allem bei Hunden zu beobachten, die zwar generell Interesse am Menschenkontakt haben, sich jedoch durch die Art und Weise der Annäherung bedrängt oder gar bedroht fühlen.

Wenn sich der Hund in einem solchen Konflikt befindet, sind häufig neben den Angst-Signalen auch einige Deeskalationsgesten (Beschwichtigungsgesten) zu beobachten: Über-die-Schnauze-Lecken, Kratzen, Gähnen, Blinzeln.

Nicht verwechseln: Zurückhaltung gegenüber Fremden muss nicht immer gleich Angst bedeuten. Manche Hunde reagieren aufgrund ihrer Veranlagung recht distanziert und zeigen nur wenig Interesse an fremden Menschen. Angebotenen Streicheleinheiten und Ansprachen gehen sie eher aus dem Weg.

Im Gegensatz zu ängstlichen Hunden bewegen sich diese Vierbeiner mit entspannter, sicherer Körperhaltung, nehmen aber von sich aus kei-

Ein Besucher, der dem Hund nicht ganz geheuer ist, nähert sich – der Hund reagiert darauf mit Unsicherheit.

nen Kontakt auf oder schnüffeln nur kurz am Besucher und gehen dann weg.

Muss sich der Hund von jedem streicheln lassen?

NEIN – das muss er nicht! Viele Hundebesitzer und Besucher erwarten, dass sich der Vierbeiner brav von jedem streicheln lässt und freundliche Annäherungen ebenso freundlich erwidert. Vor allem Welpen oder Hunde mit Wuschelfell wecken in vielen Menschen den Wunsch, sie zu streicheln und mit Zuneigung zu überhäufen.

Für viele Hundebesitzer ist es schwierig, sich richtig zu verhalten, wenn ihr Hund keinen Kontakt zu Fremden aufnehmen möchte. Manche sind überrascht davon, weil sich der Hund innerhalb der Familie sehr anhänglich zeigt, anderen ist es unangenehm, dass sich ihr Hund so wenig kooperativ verhält. Sie entschuldigen sich bei den Besuchern für das Verhalten Ihres Hundes und achten dabei mehr auf die Reaktionen der Besucher als auf den Hund. Manche versuchen auch, den Hund durch Reden und Streicheln zu besänftigen und zu einem besseren Verhalten zu bewegen. Dadurch belassen Sie jedoch den Hund in der belastenden Situation und verstärken seine Unsicherheit.

Ganz ungeschickt ist es, wenn der Hund herbeigelockt oder gar festgehalten wird, damit er gestreichelt werden kann. Dadurch wird die Situation noch schwieriger für ihn: Er kann ein eventuell bisher gezeigtes Alternativverhalten wie Weggehen und Ausweichen nicht mehr anwenden und ist gezwungen, andere Reaktionen, wie zum Beispiel Drohen oder Schnappen, zu zeigen. Damit wäre der erste Schritt zu aggressivem Verhalten gegenüber Besuchern getan.

➡ Wenn Sie bei Ihrem Hund Angst oder Unsicherheit in solchen Situationen bemerken oder Sie von Ihrem Hund bereits wissen, dass er engen Kontakt zu Fremden nicht möchte, dann müssen Sie vorbeugen und handeln. Belassen Sie den Hund nicht in dieser für ihn belastenden Situation und warten Sie vor allen Dingen nicht, bis daraus eine unerwünschte Aktion entsteht. Bitten Sie die Besucher, den Hund in Ruhe zu lassen und zeigen Sie dem Hund einen Ausweg auf.

Es ist ganz normal, wenn sich ein Hund von einer fremden Person nicht gerne anfassen lässt.

Was könnten Sie erwarten?

Durch ein gut aufgebautes Stufentraining und einen überlegten Umgang mit der Besuchersituation können viele Hunde lernen, die Besucher nicht mehr als bedrohlich zu empfinden. Sie gewöhnen sich an deren Anwesenheit oder freunden sich vielleicht sogar mit (manchen von) ihnen an. Wie entspannt und gelassen der Hund sich am Ende verhalten wird und ob er die Besucher mit der Zeit sogar als durchaus angenehm empfindet, hängt jedoch nicht nur vom passenden Training ab, sondern in hohem Maße auch von der Hundepersönlichkeit.

Hunde mit großer Angst können in der Regel lernen, sich zurückzuziehen oder sogar die Anwesenheit der Besucher auszuhalten, solange ihnen diese keine Beachtung schenken und ihnen nicht zu nahe kommen. Sie für fremde Menschen zu begeistern, wird allerdings, wenn überhaupt, nur mit einem enormen Trainingsaufwand gelingen. In einem solchen Fall bleibt in der Regel nichts anderes übrig, als das Trainingsziel an die Möglichkeiten des Hundes anzupassen.

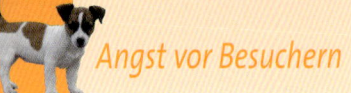

Trainingsmöglichkeiten

Der Hund bestimmt das Lerntempo! Dies gilt für die Intensität der Kontakte und deren Zeitdauer ebenso wie für den räumlichen Abstand, den ein Hund zum Besucher benötigt, um sich wohlzufühlen. Ihre Aufgabe ist es, die Besucherkontakte so zu steuern, dass der Hund sich die passende Distanz selber suchen kann und ihn die Besucher somit nicht bedrängen.

Gewöhnung

Bei dieser Art des Trainings soll dem Hund durch wiederholte Kontakte mit Besuchern die Möglichkeit gegeben werden, sich an deren Anwesenheit zu gewöhnen und dadurch seine Unsicherheit und Angst abzulegen. Dies hört sich einfach an, erfordert jedoch einige Disziplin von Seiten der Besucher und Hundebesitzer. Die meisten Menschen möchten beim Training mit dem Hund gerne aktiv werden – hier sollen sie zunächst einmal jedoch nur da sein und sich passend verhalten.

Hund nicht beachten

Zu Beginn des Trainings zeigen die Besucher keinerlei Interesse am Hund, beachten ihn nicht (bitte auch nicht ständig aus den Augenwinkeln heraus beobachten, was er gerade tut und wie er gerade aussieht!) und sprechen auch nicht mit oder über ihn. Auf diese Weise bringt man dem Hund gegenüber am ehesten zum Ausdruck: »Ich will nichts von dir, also brauchst du auch keine Angst vor mir zu haben.«

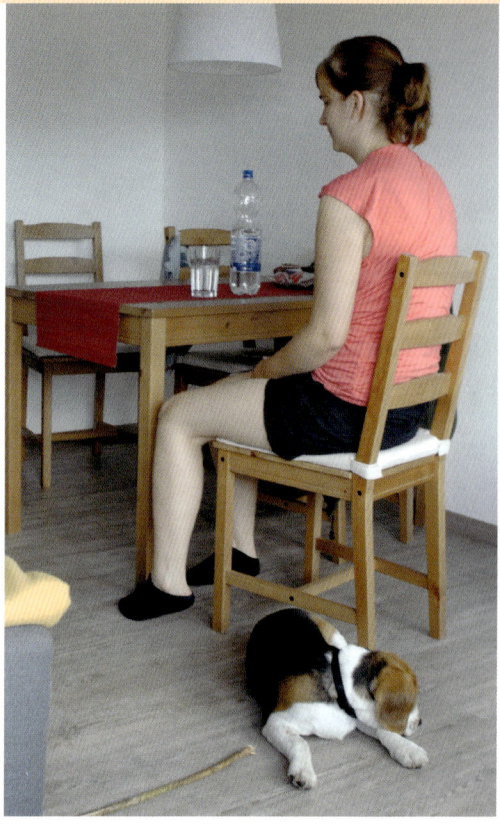

Zunächst völlig ausreichend: der Hund gewöhnt sich an die Anwesenheit der Besucherin, ohne dass diese ihn beachtet.

Genügend Abstand zum Besucher

Der Hund braucht bei jeder Begegnung genügend Platz und Möglichkeiten, um dem Besucher auszuweichen oder sich ggf. zurückziehen zu können.

Ungeeignet für die ersten Besucherbegegnungen sind deshalb Engpässe in Ihrer Wohnung, meist sind dies Eingangstüren oder Hausflure. Notfalls wird der Hund vor Ankunft der Besucher in einen anderen Raum gebracht und erst dazu gelassen, wenn sich die Situation beruhigt hat und die Besucher sitzen.

Bedrohliche Gesten vermeiden

Manche Menschen wirken durch ihre Körperhaltung, die hohe Körperspannung, ihre Art sich zu bewegen oder ihre Stimmlage bedrohlich auf Hunde, obwohl das gar nicht ihre Absicht ist. Viele – nicht nur besonders ängstliche – Hunde reagieren darauf, indem sie diese Personen meiden.

Menschen versuchen gerne, ihre freundlichen Absichten einem Hund gegenüber zu zeigen, indem sie sich ihm entgegen beugen oder versuchen, ihn herbeizulocken. Bei vielen Hunden löst dieses Verhalten große Unsicherheit aus, weil sich Hunde, die ihr Gegenüber bedrohen, in ganz ähnlicher Weise annähern.

Am ehesten kann man das Vertrauen des Hundes gewinnen, wenn man ihm zu erkennen gibt, dass man seine Sprache versteht und in der Lage ist, angemessen auf sein Verhalten zu reagieren.

Das bedeutet:

- kein direkter Blickkontakt zum Hund,

- keine raschen, hektischen Bewegungen oder Bewegungen direkt auf ihn zu,

- nicht über den Hund beugen.

Um Rückschlägen vorzubeugen, sollten diese Regeln unbedingt auch dann eingehalten werden, wenn sich der Hund beruhigt hat und keine Anzeichen der Unsicherheit mehr zeigt. Es bleibt dem Hund überlassen, ob er im Laufe des Trainings Kontakt zu den Besuchern aufnehmen möchte oder nicht. Konkret heißt das: Es reicht, wenn der Hund sich nicht mehr vor den Besuchern fürchtet und sich in deren Anwesenheit entspannen kann, freuen muss er sich über sie nicht unbedingt.

Erste vorsichtige Kontakte

Die Initiative sollte immer vom Hund ausgehen! Zeigt er von sich aus Interesse am Besucher, so wird dies zunächst unkommentiert hingenommen. Lassen Sie den Hund in Ruhe und auf seine Weise den Kontakt herstellen. Vielleicht schnuppert er vorsichtig am Besucher, läuft um ihn herum, geht weg und kommt wieder. Verhält sich der Hund dabei recht entspannt, kann der Besucher ihn freundlich ansprechen und wie beiläufig seine Hand nach unten halten, damit der Hund auch daran schnuppern kann, wenn er dies möchte. Dabei sollte er ihn jedoch nicht direkt anschauen und möglichst nicht frontal vor ihm stehen oder sitzen.

Hat der Hund weiterhin Interesse am Kontakt, kann der Besucher probieren, ihn ein wenig unter dem Kinn zu kraulen oder ihn vorsichtig seitlich an den Lefzen zu berühren. Ist dem Hund der Körperkontakt unangenehm, muss der Gast dies respektieren, indem er den Kontakt abbricht und den Abstand zum Hund wieder ein wenig vergrößert zum Beispiel indem er sich vom Hund abwendet. Oftmals versucht der Hund nach kurzer Zeit erneut Kontakt aufzunehmen.

Die Kontaktaufnahme durch einen Besucher sollte erst dann erfolgen, wenn der Hund von sich aus deutliches Interesse daran zeigt.

Diese Besucherin verhält sich vorbildlich – seitlich zum Hund versetzt

– keine direkte Konfrontation, kein Blickkontakt

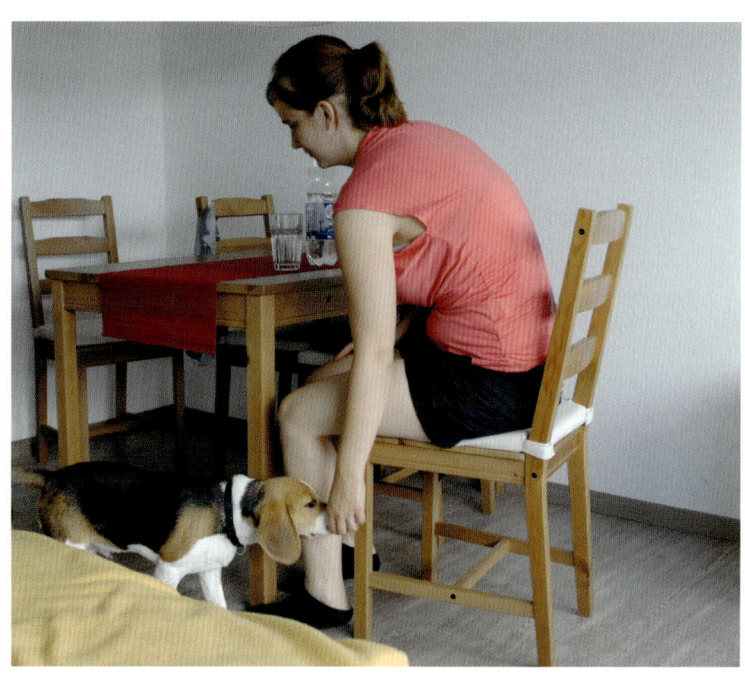

– der Hund kann die Geschwindigkeit und Art der Annäherung selbst bestimmen.

Bei vielen Hunden sind mehrere Übungssituationen mit verschiedenen Personen nötig, bis sie anfangen, ein wenig mehr Zutrauen zu Menschen generell zu fassen und damit beginnen, immer öfter von sich aus Kontakt zu Fremden aufzunehmen oder intensivere Kontakte zuzulassen.

Wenn der Hund entspannt mit den Besuchern umgeht, so dürfen Sie sich natürlich freuen – aber bitte bringen Sie dadurch den Hund nicht in Bedrängnis. Extrem kontraproduktiv ist es, wenn ein Gast, der sich die ganze Besuchszeit über recht diszipliniert an Ihre Anweisungen gehalten hat, sich nun plötzlich und unvermittelt heftig über die zunehmende Zutraulichkeit des Vierbeiners freut, sich ihm abrupt zuwendet, ihn anschaut, berührt und ihn mit Worten wie: »Siehst du, jetzt geht es schon viel besser!« lebhaft anspricht. Der Hund sieht sich durch diese zu heftigen Gesten in seinen Ängsten bestärkt: Besucher sind unberechenbar und ein Grund zur Sorge. Eine häufige Folge ist ein herber Trainingsrückschlag, der oftmals nur schwer wieder rückgängig zu machen ist.

Freude statt Angst (Gegenkonditionierung)

Oft wird empfohlen, dass die Besucher den unsicheren Hund füttern oder mit ihm spielen sollen, um ihn an sich zu gewöhnen. Durch dieses Vorgehen soll erreicht werden, dass der Anblick und die Anwesenheit von Besuchern freudige Gefühle beim Hund weckt, anstatt Angst auszulösen.

In der Theorie scheint die Sache auch ganz einfach zu sein – praktisch gibt es aber jede Menge Tücken und Fallstricke, die den Erfolg einer solchen Gegenkonditionierung zunichte machen können. Damit Sie erfolgreich sind, brauchen Sie geschickte Trainingsbesucher und einige Grundkenntnisse in Sachen Ausdrucks- und Lernverhalten des Hundes. Wichtig: Der Hund darf sich nie bedrängt oder bedroht fühlen!

Bei Hunden mit sehr starker Angst oder bei denen die Tendenz zu aggressivem Verhalten erkennbar ist, sollten Sie auf diese Methode besser verzichten. Eine Gegenkonditionierung mit einem genau zum jeweiligen Problem passenden Trainingsansatz sollte hier nur unter qualifizierter Anleitung ausgewählt und geübt werden.

Es gibt verschiedene Möglichkeiten, eine Gegenkonditionierung bei besucherängstlichen Hunden aufzubauen. Der im Folgenden beschriebene Trainingsansatz ist gut geeignet für Hunde mit nur geringer Angst und einer gewissen Neugier und Bereitschaft, sich dem Besucher zu nähern. Grundvoraussetzung für das Training ist natürlich, dass der Hund die angebotenen Leckerchen auch wirklich gerne mag.

Im ersten Trainingsschritt werden um den unbeteiligt auf einem Sessel oder Stuhl sitzenden Besucher Leckerchen verstreut. Der Radius muss so groß sein, dass sich der Hund traut, zumindest die entfernteren Leckerchen tatsächlich zu nehmen.

Dieses Vorgehen wird mehrfach (an mehreren Tagen hintereinander!) wiederholt, wobei der Leckerchenabstand zum Besucher mit der Zeit immer kleiner werden sollte. Der Besitzer verhält sich in den Übungssituationen völlig neutral. Bitte versuchen Sie nie, den Hund zum Besucher zu locken oder ihn zum Anschauen der Leckerchen zu animieren. Dadurch wird die Situation nur angespannter und es kann schnell zu Fehlverknüpfungen kommen!

> ➡ Der Hund gibt die Lernschritte vor. Bitte den Radius nicht zu schnell verkleinern, da der Hund sonst wieder anfangen wird, den Besucher zu meiden!

Frisst der Hund schließlich problemlos (also entspannt und freudig!) seine Leckerchen, kann der Schwierigkeitsgrad gesteigert werden. Das Futter wird beispielsweise sehr dicht neben dem Besucher oder unter dem Besucherstuhl platziert. Besucher und Besitzer verhalten sich nach wie vor völlig neutral und ignorieren den Hund.

Sollte auch dieser Lernschritt nach einigen Wiederholungen problemlos klappen, bietet der Besucher das Leckerchen in der offenen, neben dem Körper gehaltenen Hand an (der Hund wird immer noch ignoriert!). Frisst der Hund dieses problemlos, darf er dabei auch leise angesprochen werden, der Blick sollte aber noch ein wenig vom Hund abgewandt sein.

Selbst wenn der Hund schließlich freudig auf den Besucher zurennt und ihn beschnuppert, sollte sich dieser keinesfalls auf den Hund stürzen, sondern die Regeln einhalten, die wir beim Thema »Erste vorsichtige Kontakte« beschrieben haben.

Hat sich der Hund an den sitzenden Besucher gewöhnt, so kann dieser bereits beim Betreten der Wohnung wie beiläufig ein oder mehrere Futterbröckchen fallen lassen (Bitte keine Leckerchen in Richtung Hund werfen – er könnte sich erschrecken und Angst bekommen!). Wenn der Hund diese problemlos frisst, während der Besucher noch in seiner Nähe steht, kann dieser auch damit beginnen, die Leckerchen aus der Hand anzubieten

Für Hunde, die sich nur mäßig für Futter interessieren und bei denen selbst ein ganz besonderes Leckerchen keine große Begeisterung auslöst, kann stattdessen auch ein Spielzeug oder eine Kombination von Spielzeug und Futter verwendet werden. Geeignet dafür sind zum Beispiel ein mit Leckerchen gefüllter Kong oder ein Objekt, mit dem sich der Hund gerne beschäftigt.

Das Vorgehen ist das gleiche, es sollte allerdings verstärkt darauf geachtet werden, dass das Spielzeug nie auf den Hund zubewegt wird. Der Hund kann das Spielzeug selbst aufnehmen und sich damit beschäftigen. Wenn er es seinem Besitzer zuträgt, ist dies auch in Ordnung, dieser gibt es dann nach einiger Zeit wieder weiter an den Gast, der das Spielzeug dann erneut auslegen kann.

Achtung:

 Wenn sich der Hund durch die Leckerchen oder das Spielzeug zunehmend an Besucher gewöhnt hat, kann es nötig sein, diese Hilfsmittel wieder ein wenig zu reduzieren. Je nach Hundepersönlichkeit könnte sich sonst ein aufdringliches Verhalten entwickeln.

So hilft der Rückzugsort

Besonders beim Empfang und der Verabschiedung von Gästen oder bei mehreren Besuchern kommt es schnell zu einengenden Situationen, in denen sich der Hund bedrängt und unwohl fühlt. Während dieser Zeit ist es gut, wenn der Hund seinen Rückzugsort aufsucht. Bei sehr unsicheren Hunden oder beengten Wohnverhältnissen wählen Sie dafür am besten die Hundebox oder das »Hundezimmer«. Ein Liegeplatz (eventuell mit etwas Sichtschutz) im Wohnbereich ist nur dann geeignet, wenn genügend Platz vorhanden und der Hund nur ein wenig unsicher ist. Schicken Sie ihn zum Rückzugsort, ehe der Besucher beispielsweise aufsteht, sich in der Wohnung bewegt oder sich verabschiedet. Wenn Sie das jedes Mal sehr gelassen, aber konsequent tun, kann es mancher Hund als echte Hilfestellung empfinden und zunehmend lernen, von sich aus in diesen Situationen seinen Rückzugsort anzusteuern.

Viele ängstliche Hunde sind überfordert, wenn Sie die ganze Besuchszeit über mit dabei sein sollen. Manche benötigen zwischendurch eine Auszeit, am besten im »Hundezimmer«. Da der Vierbeiner nicht auf jeden Besucher gleich reagiert, ist es wahrscheinlich, dass er manchmal bereits mit dabei sein kann, während er bei anderen Gästen noch Abstand braucht.

Dieser Hund hat seinen Rückzugsort gefunden und kann sich inzwischen auch in Anwesenheit von Besuchern entspannt verhalten.

Aggressives Verhalten gegenüber Besuchern

Wenn sich ein Hund aggressiv gegenüber Besuchern verhält, wird häufig sogleich von territorialer Aggression gesprochen. Oftmals ist jedoch auch Angst die Ursache für dieses Verhalten. Besonders kritisch wird die Situation, wenn ein Hund aufgrund seiner Veranlagung zu territorialer Aggression neigt und gleichzeitig generell große Angst vor Menschen hat. Solche Hunde verhalten sich schnell extrem aggressiv gegenüber Besuchern.

Aggression erkennen

Aggressive Verhaltensweisen sind Bestandteil des Sozialverhaltens von Hunden und dienen dazu, eine Distanzvergrößerung zum Gegenüber zu erreichen. Seine Forderung kann der Hund durch verschiedenste aggressive Verhaltensweisen deutlich machen: Bellen, Drohgesten, Schnappen oder Beißen.

Die meisten Hunde reagieren auf die Ankunft bzw. Annäherung von Fremden an das Territorium mit Bellen.

Drohen beginnt nicht erst, wenn der Hund anfängt, zu knurren oder die Zähne zu zeigen. Die meisten Hunde verfügen – so es ihr Körperbau und ihre Behaarung zulassen – über eine ganze Reihe kleiner und kleinster Drohgesten, die zunächst für den menschlichen Betrachter recht unspektakulär erscheinen mögen, aus Sicht des Hundes aber durchaus ernst gemeint sind. Oft werden diese Gesten von Menschen sogar als freundliche missverstanden, was zu erheblichen Problemen führen kann. Beispiele hierfür sind: In-den-Weg-Stellen, Blickfixieren etc.

Deutlicher wird die Sache, wenn beim Drohen die Zähne entblößt und der Nasenrücken gerunzelt wird und der Hund dabei eventuell sogar knurrt. Das passiert meist dann, wenn das Gegenüber auf die dezenten Signale nicht in angemessener Zeit reagiert. Hat das Drohen nun immer noch nicht die gewünschte Wirkung, so kann der Hund auch durch Schnappen oder Beißen seinen Forderungen Nachdruck verleihen. Da Menschen oft die weniger spektakulären Drohsignale des Hundes nicht erkennen und demzufolge nicht auf diese reagieren, lernen viele Hunde im Laufe ihres Lebens, zumindest Menschen gegenüber, die offenbar nutzlosen dezenten Drohsignale nur sehr kurz oder auch gar nicht mehr zu zeigen. Sie schnappen oder beißen ohne deutliche Vorwarnung, um eine Distanzvergrößerung zu erreichen.

Körpersignale beim Drohen:

➤ **Abwehrdrohen – der gesamte Hund wirkt wie rückwärts gezogen:** starre Körperhaltung, runder Rücken, Rute eingeklemmt, Ohren eng am Kopf, Blick abgewandt, Nasenrücken gerunzelt, Zähneblecken bis zu den Backenzähnen, evtl. Maulaufreißen und Haaresträuben über den gesamten Rücken.

➤ **Angriffsdrohen – alles nach vorne gerichtet:** angespannte, langsame und steife Bewegungen, Rute waagerecht oder über der Rückenlinie, Kopf leicht gesenkt, Ohrwurzeln zeigen nach vorne, fixieren des Gegenübers, Nasenrücken mehr oder weniger stark gerunzelt, runde Mundwinkel, Lippen geschlossen oder Zähneblecken im vorderen Bereich, evtl. Haaresträuben im Nackenbereich.

Training und Management ergänzen sich

Damit ein aggressiv reagierender Hund lernen kann, sich in Anwesenheit von Besuchern »wohl zu verhalten«, ist ein ganzes Paket von Maßnahmen erforderlich. Zum einen brauchen Sie die für Ihr Problem geeigneten Trainingsansätze. Genauso wichtig sind jedoch Überlegungen, ob und wie manche Situationen durch ein geschicktes Management gemeistert werden können. Außerdem benötigen Sie viel Geduld und Souveränität, da Ihr Hund aus Ihrem eigenen Verhalten oft erheblich mehr Rückschlüsse zieht, als Ihnen vielleicht bewusst ist! Allein aus Ihrer unbewussten Körpersprache kann er Ihre Stimmung ablesen. Die eigene Gestimmtheit ist oftmals ausschlaggebend dafür, wie der Hund sich in der jeweiligen Situation verhalten wird.

Patentrezepte gibt es allerdings auch hier nicht. Würden wir versuchen, Trainingsmöglichkeiten für jede vorstellbare Situation zu beschreiben, so würde dies den Rahmen unseres Ratgebers bei weitem sprengen. Wir möchten Ihnen an dieser Stelle einige Anregungen geben, wie Sie bei Aggressionsproblemen gegenüber Besuchern vorgehen könnten. In vielen Fällen ist jedoch eine professionelle Beobachtung und Anleitung vor Ort sinnvoll, damit die passenden Trainingsschritte gewählt und ggf. die Grenzen des Machbaren erkannt werden können.

Sicherheit geht vor!

Dieses Prinzip sollte immer gelten, wenn es um den Umgang mit Hund und Besuchern geht.

Bei sehr ängstlichen und/oder aggressiv reagierenden Tieren muss diesem Punkt besondere Aufmerksamkeit geschenkt werden. Denn auch bei bestem Training ist das Verhalten eines Hundes nur bis zu einem gewissen Grad zuverlässig vorhersagbar und kontrollierbar!

Wo ein Wille ist, ist auch ein Weg. Nicht nur bei territorial aggressiven Hunden muss sichergestellt werden, dass der Hund das Grundstück nicht unkontrolliert verlassen kann.

> An oberster Stelle stehen das Wohlbefinden und die körperliche Unversehrtheit aller Beteiligten! Alltags- und Übungssituationen müssen so gestaltet werden, dass niemand, also weder Ihre Gäste noch Sie selber oder Ihr Hund, gefährdet sind.

Entweichen unmöglich machen

Schon aus versicherungstechnischen und rechtlichen Gründen darf ein Entweichen des Hundes aus Haus, Wohnung oder Garten nicht möglich sein. Das gilt im Übrigen für alle Hunde, nicht nur für diejenigen, die sich gegenüber fremden Personen aggressiv verhalten könnten.

In Haushalten mit mehreren Personen und Kindern stellt sich oft das Problem, dass nicht alle darauf achten, die »wichtigen« Türen immer zu schließen. Hier empfiehlt sich dringend die Anbringung eines Türschließers (in jedem Baumarkt erhältlich). Das erspart eine Menge Diskussionen und Ärger. Genauso problematisch kann es sein, wenn Ihre Wohnungs- und/oder Gartentüren von außen geöffnet werden können und dann plötzlich der Besuch unangekündigt im Garten oder im Wohnbereich steht. Der Garten, falls vorhanden, sollte so eingezäunt sein, dass der Hund diesen nicht ungewollt verlassen kann und Besucher ihn nicht selbständig betreten können. Außerdem müssen Zaun und Gartentor so beschaffen sein, dass es nicht möglich ist, den Hund von außen anzufassen.

Ungewollten Besucherkontakt vermeiden

Diese Maßnahme dient nicht nur dem Schutze ihrer Besucher, sondern auch dazu, Rückschlägen beim Training vorzubeugen und den Hund nicht wiederholt in Situationen zu bringen, in denen er bekanntermaßen unerwünscht reagiert und sich sein Verhalten dadurch noch weiter verstärkt.

Gelingt es einem Hund, einen Besucher durch Bellen oder Drohen einzuschüchtern oder ihn gar zum Verlassen des Territoriums zu bewegen, so ist dies für ihn ein Erfolgserlebnis – das Verhalten hat sich gelohnt und wird dadurch verstärkt.

Besonders unglücklich sind Situationen, in denen der Hund bellt und/oder droht, die Person aber stehen bleibt und versucht, dem Hund gut zuzureden (»Vor mir brauchst Du doch keine Angst zu haben, ich tue dir doch nichts!«) oder ihn gar anzufassen. Da die Drohung offenbar nicht ausreichend ist, um die Person zu vertreiben, versuchen viele Hunde eine Distanzvergrößerung durch Anspringen, Schnappen oder gar Beißen herzustellen. In der Regel wird die betroffene Person tatsächlich zurückweichen. Der Hund lernt daraus, dass er sich nur aggressiv genug verhalten muss, damit er sein gewünschtes Ziel erreichen kann. War die Erleichterung, die er dabei spürte, sehr groß, so wird es keine weiteren Wiederholungen mehr brauchen, damit der Hund das gleiche Verhalten in Zukunft in ähnlichen Situationen wieder zeigt.

Sichern durch Maulkorb

Der Hund wird durch das Tragen eines Maulkorbes weder aggressiver noch automatisch zum »sanftmütigen Lamm«. Der Maulkorb

kann lediglich das Zubeißen verhindern, vorausgesetzt das Modell sitzt richtig. Wenn Sie und Ihre Besucher wissen, dass Sie vor Verletzungen geschützt sind, können Sie in vielen Übungssituationen ruhiger und gelassener arbeiten. Bei Hunden, die bereits gebissen haben, sollte auf jeden Fall so lange mit einem Maulkorb geübt werden, bis das erwünschte Verhalten sicher gezeigt wird.

Verwendet wird am besten ein gut sitzender Gittermaulkorb aus Kunststoff oder Leder. Bei diesen Modellen kann der Hund die Schnauze öffnen, hecheln oder aus einem tiefen Napf Wasser aufnehmen. Dies ist besonders in aufregenden und anstrengenden Übungssituationen unbedingt erforderlich. Außerdem kann er durch das Maulkorbgitter mit Futter belohnt werden. Maulkörbe, die ein Öffnen des Fanges verhindern, sind aus Tierschutzgründen abzulehnen.

Der Hund soll den Maulkorb keinesfalls als bedrohlich empfinden, deshalb ist ein vorbereitendes Training sinnvoll:

1. Das Maulkorbgitter im vorderen Teil von innen mit Leberwurst oder Streichkäse einschmieren. Maulkorb in der Hand halten und Hund den Maulkorb auslecken lassen. Diesen Schritt so oft wiederholen, bis der Hund deutliche Anzeichen von Freude zeigt, wenn ihm der Maulkorb präsentiert wird.

2. Den Maulkorb wie oben beschrieben präparieren und Nackenband schließen. Der Hund ist bei diesem Trainingsschritt angeleint, damit er sich nicht mit dem Maulkorb verstecken oder ausprobieren kann, wie sich dieser am besten von der Nase streifen lässt. Eventuell die ersten Male den Maulkorb während eines kleinen Spazierganges aufsetzen und gleich nach dem Aufsetzen mit dem Hund weiter gehen. So hat der Hund nur wenig Gelegenheit, sich mit dem Abstreifen des Maulkorbes zu beschäftigen. Der Maulkorb wird am besten bereits dann wieder abgenommen, wenn der Hund noch keine Abwehrbewegungen macht!

3. Die Tragezeit langsam erhöhen. Wenn der Hund den Maulkorb vollständig akzeptiert, kann dieser auch eine Zeit lang in Situationen getragen werden, in denen gerade nichts Spannendes passiert. Bitte auch hier darauf achten, dass der Hund nicht doch noch erfolgreich versucht, den Maulkorb abzustreifen. Eventuell Hausleine am Halsband befestigen, um notfalls gleich eingreifen zu können!

Akzeptiert der Hund den Maulkorb in entspannten Situationen ganz selbstverständlich und macht keine Versuche mehr, diesen abzustreifen, kann mit dem Besuchertraining begonnen werden.

So verhindern Sie, dass Ihr Hund das Tragen des Maulkorbs mit dem Besucher-Erlebnis verbindet:

➡ Ziehen Sie Ihrem Hund den Maulkorb mindestens 15 Minuten vor Eintreffen der Besucher an.

➡ Nehmen Sie den Maulkorb nicht gleich nach Beendigung der Aktion wieder ab, sondern erst dann, wenn sich der Hund wieder völlig entspannt hat.

➡ Legen Sie Ihrem Hund den Maulkorb auch immer mal wieder zwischendurch an, ohne dass Besucher zu Ihnen kommen.

Kompromissbereitschaft

Aggressiv reagierende Hunde schränken durch ihr Verhalten den Tagesablauf und die Aktivitäten Ihrer Besitzer meist erheblich ein. Dies bedeutet, mit Grenzen zu leben – vielleicht nur für einige Zeit, vielleicht auch ein Hundeleben lang.

Mancher Besitzer muss sich eventuell eingestehen, dass es nicht möglich sein wird, den Trainingsaufwand zu stemmen der nötig wäre, um das ursprünglich angestrebte Trainingsziel zu erreichen. Oder er muss feststellen, dass sich trotz großem Fleiß beim Üben kaum Verbesserungen ergeben. Das ist aus unserer Sicht in der Regel kein Grund zur Panik oder gar Anlass, den Hund abzugeben, aber Sie sollten über Alternativen nachdenken. In den meisten Fällen ist es durchaus möglich, mit ein wenig Kompromissbereitschaft ein Trainingsziel zu wählen, welches für Besitzer und Hund mit einem akzeptablen Management- und Trainingsaufwand realisierbar ist. Eine Möglichkeit ist es zum Beispiel, den Hund grundsätzlich von den Besuchern getrennt zu halten. Dies erfordert zwar vom Besitzer ein erhebliches Umdenken, sorgt dafür aber für eine schnelle und deutliche Entspannung der Situation.

Wenn Sie allerdings feststellen müssen, dass sich Ihre Bedürfnisse und Möglichkeiten mit den Charaktereigenschaften des Hundes und den nötigen Trainings- und/oder Managementmaßnahmen beim besten Willen nicht vereinbaren lassen, ist die Überlegung erlaubt und angebracht, den Hund an einen Platz abzugeben, an dem eine seinen Bedürfnissen angemessenere Haltung und ggf. ein entsprechendes Training möglich sind. Ein solcher Schritt wird nicht leicht fallen, es erfordert viel Mut und Kraft, in einer solchen Situation die eigenen Gefühle hinten anzustellen und sich daran zu orientieren, was für die Familie und vor allem auch für den Hund das Beste ist.

Wenn Sie zu den eher ängstlichen Menschen gehören, die ganz froh darüber sind, einen wachsamen Hund neben sich zu wissen, werden Sie ebenfalls Kompromisse eingehen müssen. Es ist legitim, wenn Sie sich dafür entscheiden, einen Beschützer an Ihrer Seite zu haben und ihm – bewusst oder unbewusst – den Schutz des Anwesens überlassen. Dann aber sollte der Hund in Besuchssituationen keinen Kontakt mit Gästen oder nur ausgewählten Kontakt mit ihm sehr vertrauten Gästen haben, damit es nicht zu unliebsamen Zwischenfällen kommt.

Die Besitzer können ihren Hund gut einschätzen und wissen, in welchen Situationen er mit dabei sein kann und wann es zu stressig für ihn wird.

Ängstlich-aggressives Verhalten

Hunde, die Angst vor Besuchern haben, werden zunächst einmal versuchen diesen auszuweichen. Haben sie keine Möglichkeit dazu, weil der Platz nicht ausreicht (zum Beispiel Begegnung im engen Eingangsbereich) oder weil die Besucher den Hund bedrängen, kann es sein, dass ein Hund versucht, die für ihn bedrohliche Person durch Drohen, Schnappen oder Beißen von sich fernzuhalten. Hat ein Hund erst einmal gelernt, dass diese Methode erfolgreich ist, so wird er sie bei der Annäherung von Besuchern immer häufiger anwenden.

Der Hund bemerkt eine Person, die sich dem Grundstück nähert und springt auf.

Noch beobachtet er die Person relativ neutral.

➡ Typisch bei ängstlich-aggressivem Verhalten ist, dass es in der Regel nicht nur gegenüber Besuchern in der eigenen Wohnung oder auf dem eigenen Grundstück gezeigt wird. Vielmehr zeigen es die betroffen Hunde in allen Situationen, in denen sie sich durch andere Personen bedrängt fühlen!

Was können Sie erwarten?

Ängstliche Hunde wollen durch ihr aggressives Verhalten die Besucher zu einer Distanzvergrößerung bewegen. Die Aggression hört auf, wenn der Abstand zwischen Hund und Besucher groß genug ist. Die Lösung des Problems scheint im Prinzip recht einfach zu sein: Wir müssen nur für genügend Abstand sorgen.

Die Person nähert sich weiter an, der Hund wird zunehmend unsicher.

Die Besucherin beugt sich vor in Richtung Hund und dieser reagiert darauf mit unsicherem Drohen und Bellen.

Die Umsetzung in die Praxis erweist sich da schon etwas schwieriger: Die Distanz, die ein Hund braucht, um sich wohlzufühlen, ist sehr individuell. Zudem zeigen manche Hunde das ängstlich-aggressives Verhalten nur bei bestimmten Personen bzw. Menschentypen. Es kann durchaus recht schnell gelingen, dass der Hund in Anwesenheit bestimmter Besucher ganz entspannt auf seinem Liegeplatz im Wohnbereich bleibt, sich bei anderen Gästen dagegen bereits bei der kleinsten Bewegung bedroht fühlt und einen größeren Sicherheitsabstand benötigt. Es wird vielleicht auch Personen oder Situationen geben, bei denen der Hund nie mit dabei sein kann.

Der Hund lernt, sich zurückzuziehen

Da die bisher vom Hund gewählte Lösung, den Besucher zu vertreiben natürlich nicht akzeptabel ist, drehen wir nun den Spieß um: Der Hund soll lernen, den für ihn nötigen Sicherheitsabstand zum Besucher auf Signal oder – noch besser – von selber einzunehmen. Manche Vierbeiner benötigen dazu jedoch mehr, als nur das Signal für »Geh auf deinen Rückzugsort«. Sie brauchen gleichzeitig das Gefühl, dass ihr Besitzer in der Lage ist, schwierige Situationen zu meistern und sie sich auf ihn verlassen zu können. Damit sind nicht nur Besuchersituationen gemeint, sondern auch andere Bereiche des Zusammenlebens. Achten Sie bei den Hunden besonders darauf, dass sie mit ruhiger Konsequenz und klaren Regeln erzogen werden. Denn angespannt und unsicher sind Sie selbst. Viele dieser Hunde scheinen ganz erleichtert, wenn der Besitzer ihnen die Entscheidungen abnimmt

und machbare Alternativen aufzeigt, wie sie eine Situation in Zukunft besser bewältigen können.

Dazu gehört auch, dass Sie vorausschauend handeln und dem Hund Hilfestellung geben, ehe eine Situation allzu schwierig oder unübersichtlich wird.

Beispiel: Bei der Ankunft und der Verabschiedung von Besuchern herrscht in der Regel immer großer Trubel. Schicken Sie deshalb den Hund an seinen Rückzugsort, bevor die Besucher das Haus betreten oder sich verabschieden.

Je nach Wohnsituation, Verhalten des Hundes und angestrebtem Trainingsziel können Sie mit unterschiedlichen Rückzugsorten arbeiten:

1. Liegeplatz mit Sichtkontakt zu den Besuchern

Dieser ist geeignet, wenn

- genügend Platz vorhanden ist, sodass der Hund auch tatsächlich die Möglichkeit zum Rückzug hat – nicht nur beim Hereinkommen der Besucher, sondern auch, wenn sich diese in der Wohnung bewegen.

- die Aufregung des Hundes bei der Anwesenheit der Besucher im gleichen Raum (aber mit ausreichendem Abstand) nur so groß ist, dass er noch dazu in der Lage ist, zu lernen.

- als weiteres Trainingsziel angestrebt wird, den Hund an bestimmte Personen zu gewöhnen.

Ganz wichtig ist es, dass sich der Hund an seinem Rückzugsplatz sicher und wohl fühlt, er darf dort also **nie** von Besuchern bedrängt werden. Scheuen Sie sich nicht, notfalls zu drastischen Maßnahmen wie der Anbringung von Absperrband oder Warnschildern zu greifen. Besucher unterschätzen häufig die Notwendigkeit eines erforderlichen Abstands oder unterschreiten diesen unbewusst.

Im Prinzip wird das Training genau so aufgebaut, wie in Kapitel 2 beschrieben. In der Trainingsphase wird der Hund auf jeden Fall durch einen Maulkorb und/oder durch Anbinden (bei Verwendung einer Box durch Schließen der Boxtüre) gesichert. Im Idealfall trainieren Sie zunächst nur mit Personen, die dem Hund schon etwas vertraut sind oder vor denen er sich nicht dermaßen fürchtet, dass er sie durch aggressives Verhalten vertreiben möchte. Erst wenn Sie und Ihr Hund in diesen Situation eine gewisse Sicherheit und Souveränität erworben haben, können Sie zum Üben Besucher einladen, die dem Hund fremd sind und dann auch Personen, bei denen der Hund in der Vergangenheit bereits ängstlich-aggressiv reagiert hat.

Wie lange es letztendlich dauert, bis der Hund auch in Anwesenheit verschiedenster Besucher entspannt und zuverlässig liegen bleibt und daher die Sicherungsmaßnahmen überflüssig werden, lässt sich nicht einfach vorhersagen. Der Übungserfolg hängt vor allem von der Anzahl der Übungswiederholungen ab. Sollten Sie nur wenige Besucher haben, die Sie als »Übungsobjekte« nutzen können, so kann es unter Umständen sehr lange dauern, bis der Hund das gewünschte Verhalten sicher zeigt.

2. Das »Hundezimmer«

Wenn der Hund gut daran gewöhnt ist, kann dieser Rückzugsort für den ängstlich-aggressiven Hund eine echte Hilfe sein. Es besteht kein Sichtkontakt zu den Besuchern, er fühlt sich also auch nicht von der kleinsten Bewegung bedroht. Der Hund kann besser zur Ruhe kommen, weil er sich nicht ständig mit den Besuchern auseinandersetzen muss.

Das »Hundezimmer« ist sinnvoll,

- wenn es die Wohnsituation nicht erlaubt, dem Hund im Wohnbereich einen Liegeplatz zuzuweisen, bei dem der nötige Sicherheitsabstand zu Besuchern eingehalten werden kann.

- wenn regelmäßig Besucher kommen, die Angst vor Hunden haben oder sich absolut nicht an Ihre Regel halten, den Hund nicht zu beachten.

- bei länger dauernden Besuchen, die den Hund zeitlich einfach überfordern würden.

- als Zwischenlösung, wenn Sie gerade dabei sind, den Hund an einen Liegeplatz im Wohnbereich zu gewöhnen, das Training aber noch nicht so weit fortgeschritten ist, dass der Hund »echte« Besuchersituationen zufriedenstellend meistern kann.

Der Hund gewöhnt sich an ausgewählte Personen

Wenn sich der Hund durch ein entsprechendes Training an die Anwesenheit einer bestimmten Person soweit gewöhnt hat, dass er ruhig und entspannt auf seinem Liegeplatz bleibt, obwohl er und die Person sich im gleichen Raum befinden, kann versucht werden, Hund und Mensch noch weiter miteinander »anzufreunden«. Allerdings ist ein derartiges Training meist sehr zeitintensiv, wenn sich ein dauerhafter Erfolg einstellen soll. Überlegen Sie deshalb, ob wirklich die Notwendigkeit besteht, dass sich diese Person und ihr Hund anfreunden, zum Beispiel weil sie bei Ihnen im Haus wohnt, zum engeren Bekanntenkreis gehört und oft zu Ihnen zu Besuch kommt. Die betroffene Person sollte mit der Zusammenführung einverstanden sein (der Hund spürt jede kleine Unsicherheit, jede zögernde Bewegung oder zu forsches Auftreten) und genügend Geduld dafür aufbringen.

Sicherheitshalber trägt der Hund beim Üben so lange einen Maulkorb, bis es keine Hinweise mehr darauf gibt, dass er sich bei plötzlichem Erschrecken aggressiv dem Besucher gegenüber verhalten könnte.

Ein erster Trainingsschritt kann zum Beispiel darin bestehen, dass der Hund seinen Rückzugsort verlassen darf, während der Besucher ruhig auf seinem Platz bleibt und den Hund völlig ignoriert. Aufgabe des Besitzers ist es nun, seinen Hund genau zu beobachten. Fängt dieser nämlich an, sich deutlich unsicher zu verhalten oder gar zu drohen, wird er sofort wieder auf seinen Liegeplatz geschickt (ggf. anfangs mit Hausleine üben, um beim Zu-rückschicken ruhig und gelassen bleiben zu können).

Verhält sich der Hund weiterhin ruhig und entspannt, so kann der Besucher zunächst seine Sitzposition verändern. Macht das dem Hund ebenfalls keine Schwierigkeiten, könnte sich der Besucher kurz erheben und wieder setzen, sich auf den Stuhl nebenan setzen usw. Bis sich der Besucher problemlos in der Wohnung bewegen kann, können unter Umständen viele Übungsschritte nötig sein. Wichtig ist, dass sich der Besucher beim Üben so natürlich wie möglich verhält, also weder zu forsch noch zu vorsichtig auftritt. Eine Kontaktaufnahme mit dem Hund sollte auf jeden Fall erst dann versucht werden, wenn der Hund von sich aus Interesse daran zeigt und sich dabei entspannt und freundlich verhält. Auch hier gilt: Der Hund gibt das Übungstempo vor!

> Bitte beobachten Sie Ihren Hund möglichst unauffällig! Wenn Sie ihn in angespannter Körperhaltung mit Argusaugen bewachen, signalisieren Sie ihm, dass die Situation gefährlich ist und er wird sich nicht entspannen können.

Territoriale Aggression

Bei territorial-aggressivem Verhalten ist das Ziel des Hundes, den Besucher aus dem Territorium zu vertreiben. Das Bedürfnis, das eigene Territorium gegenüber Eindringlingen zu verteidigen, ist vielen Hunden angeboren (siehe Kapitel 1). Welches Areal ein Hund als sein Territorium ansieht, hängt vor allem von seinen Anlagen, aber auch von seiner Aufzucht

Selbstsicheres Drohen ist oft schwer zu erkennen, denn die ersten Anzeichen dafür sind recht unspektakulär.

ab. Sehr zum Leidwesen vieler Besitzer hört das Territorium ihres Hundes meist nicht an der Wohnungstüre oder am Gartenzaun auf. Häufig gehört auch das Areal dazu, welches der Hund außerhalb des Gartenzaunes einsehen kann, ebenso unter Umständen das Gelände, auf dem sich der Hund täglich bewegt. In manchen Fällen ist das Territorium auch gar nicht an einen bestimmten Ort gebunden, sondern es befindet sich da, wo sich der Hund gerade mit seinem Rudel aufhält. Im Extremfall könnte es also auch die Parkbank oder der Biergartentisch und das Gelände darum herum sein, eben der Ort, an dem sich der Besitzer mitsamt Hund seit einigen Minuten aufhält.

Typisch für territoriale Aggression:

➡ Unterwerfungsgesten des Gegenübers führen häufig nicht zu einer Beendigung des Drohverhaltens. Bei der Auseinandersetzung geht es ja nicht um die Klärung der Rangbeziehung zwischen den Kontrahenten, sondern darum, dass der Eindringling das Territorium verlässt. Das aggressive Verhalten wird daher oft so lange beibehalten, bis der Eindringling sich weit genug entfernt hat. Auch freundliche Annäherungsversuche führen meist nicht dazu, den Hund »umzustimmen«.

Was können Sie erwarten?

Hunden, denen territoriale Aggression angeboren ist, kann man ihre Veranlagung nicht einfach wegerziehen und sie zu Besucherfreunden machen. Der sinnvollste und effektivste Trainingsansatz für einen stressfreien Umgang mit Besuchern besteht darin, dem Hund beizubringen, wie genau er sich bei der Ankunft und Anwesenheit von Gästen verhalten soll. Dieses Alternativverhalten sollte möglichst so gewählt werden, dass es mit dem unerwünschten Verhalten (Bedrohen von Besuchern) nicht vereinbar ist.

Bei vielen territorial veranlagten Hunden ist Wohlverhalten davon abhängig, ob der Besitzer bei der Ankunft und Anwesenheit der Besucher mit dabei ist oder nicht. Sie können durchaus lernen, zu akzeptieren, dass ihr Besitzer sie von der Aufgabe das Eigentum zu bewachen entbindet und folgen nach erfolgreichem Training seinen Anweisungen (zum Beispiel auf den Rückzugsort zu gehen). Ist der Besitzer jedoch nicht anwesend, zeigen sie meist das ihnen angeborene Verhaltensmuster und versuchen, den Eindringling zu vertreiben.

Auf der sicheren Seite: Besucherkontakte vermeiden

Ein Trainingsansatz, der sich in der Praxis gut bewährt hat, ist auch hier das in Kapitel 2 beschriebene Vorgehen: Der Hund lernt, sich bei der Ankunft von Besuchern auf einen von Ihnen vorbestimmten Platz zurückzuziehen und dort zu bleiben.

Im Prinzip gelten beim Training genau die gleichen Verhaltensregeln, wie wir sie für den ängstlich-aggressiven Hund beschrieben ha-

> Natürlich macht es auf Ihre Gäste einen wesentlich eleganteren und professionelleren Eindruck, wenn Sie Ihren Hund auf den Liegeplatz im Wohnraum schicken anstatt ihn in ein Zimmer oder den Garten zu sperren. Bitte bedenken Sie aber, dass es für viele Hunde eine große Belastung ist, eine geringe Distanz zu Besuchern über einen längeren Zeitraum aushalten zu müssen. Sollte der Besuch länger bleiben, so ist es für den Hund oft wesentlich stressfreier, wenn er sich in einen anderen Raum oder den Garten zurückziehen kann, wenn er die Besucher schon nicht vertreiben darf.

nen erheblichen Aufwand, weil viele Übungsschritte und Wiederholungen nötig sind. Die jeweilige Fremd-Person sollte auf jeden Fall sicher, ruhig und gelassen im Umgang mit Hunden, vor allem aber objektiv und vernünftig sein. Selbsternannte Hundebändiger sind hier ebenso fehl am Platz wie Menschen, die es einfach nicht glauben können, dass es Hunde gibt, die fremde Personen nicht mögen.

Hat der Hund schließlich gelernt, eine bestimmte Person zu akzeptieren, bedeutet das keinesfalls, dass er dieses Verhalten in Zukunft auch anderen Personen gegenüber zeigen wird. Bei territorialer Aggression ist eine Generalisierung, wenn überhaupt, noch erheblich schwieriger zu erreichen als bei ängstlich-aggressiven Hunden.

ben. Aus Sicherheitsgründen sollte der Hund während des gesamten Besuchs an seinem Rückzugsort bleiben.

Ein Liegeplatz im Wohnbereich ist nur dann geeignet, wenn die Größe und Gliederung der Räume genügend Abstand zwischen Hund und Besuchern zulässt und eine Bezugsperson anwesend ist, die den Hund zuverlässig kontrollieren kann.

Bei Hunden mit ausgeprägter territorialer Aggression empfehlen wir den Aufenthalt im »Hundezimmer«.

Gewöhnung an fremde Personen

Territorial-aggressive Hunde an fremde Personen so zu gewöhnen, dass sie diese als zu ihrem Sozialverband zugehörig betrachten, ist prinzipiell zwar möglich, erfordert aber ei-

Die erste Zusammenführung mit fremden Personen sollte bei Hunden, die zu territorialer Aggression neigen, am besten auf neutralem Gebiet stattfinden.

Erstes Kennenlernen auf neutralem Boden

Die Gewöhnung an eine fremde Person beginnt bei territorial-aggressiven Hunden in der Regel auf neutralem Boden, also außerhalb des eigenen Territoriums. Ist zu befürchten, dass sich der Hund aggressiv verhalten könnte, sollte er auch hierbei durch einen Maulkorb gesichert sein.

Gehen Sie zunächst regelmäßig zusammen mit der fremden Person spazieren. Verhält sich der Hund dabei dieser gegenüber neutral oder sogar freundlich, so kann sie zunächst für ein kurzes Stück und später eventuell über längere Strecken den Hund führen. Hilfreich für den Aufbau einer Beziehung kann es auch sein, wenn die Person mit dem Hund zusammen einige kleine Übungen macht, die der Hund bereits sicher erlernt hat, wie zum Beispiel »Sitz«. Das setzt allerdings voraus, dass die Person in der Lage und bereit ist, die Übung genauso zu machen, wie sie der Besitzer mit seinem Hund machen würde. Auf jeden Fall sollten dafür nur Übungen gewählt werden, die über eine Belohnung erlernt wurden. Für die richtige Ausführung wird der Hund auch hier belohnt. Ist sich der Hund zunächst unsicher, ob er das Futter von der fremden Person annehmen soll, so darf diese den Hund keinesfalls bedrängen, sondern die Futtergabe erfolgt dann eben durch den Besitzer. Hat der Hund erst einmal gelernt, dass es sich lohnt, mit der fremden Person zusammenzuarbeiten, wird er vermutlich auch von dieser das Futter annehmen.

Klappt der Kontakt zum Fremden auf neutralem Territorium problemlos, verlagert man die Spaziergänge zunehmend in Richtung des Territorium des Hundes. Erst wenn sich der Hund auch hier bei mehreren Spaziergängen weiterhin entspannt verhält, obwohl Sie beispielsweise direkt am eigenen Grundstück vorbeigehen, in Haustür-Nähe stehen bleiben usw., ist es Zeit für den nächsten Schritt: Sie können mit Ihrem Hund und dem inzwischen nicht mehr so fremden Besucher das Grundstück oder die Wohnung betreten. Der Besucher sollte auf jeden Fall vor dem Hund hineingehen. Der Hund geht zusammen mit dem Besitzer hinterher. Er bleibt dabei anfangs immer angeleint. Zuhause wird die Leine ggf. durch eine Hausleine ersetzt.

Verzichten Sie auf den Maulkorb bitte erst dann, wenn Sie ganz sicher sein können, dass der Hund die Person auch tatsächlich akzeptiert hat und diese sich problemlos in Anwesenheit des Hundes auf Ihrem Grundstück und in der Wohnung bewegen kann.

Achtung:

 Viele territorial-aggressive Hunde haben absolut kein Problem damit, sich fremden Personen gegenüber auf neutralem Territorium freundlich bzw. neutral zu verhalten. Das Verhalten kann jedoch plötzlich umschlagen, sobald das Territorium betreten wird! Achten Sie daher genau darauf, wie sich Ihr Hund beim Üben verhält und wählen Sie die Übungsschritte klein genug!

6 Besondere Situationen

Besuch eines Artgenossen

Viele Besitzer meinen, dass es für ihren Hund eine Bereicherung ist, wenn er Besuch von Artgenossen bekommt. Aber auch Hunde haben Regeln im Umgang untereinander, die sie einhalten möchten. Ist dies nicht möglich, weil zum Beispiel der Platz fehlt oder die Menschen erwarten, dass sich ihr Hund an der menschlichen Höflichkeit orientiert und nicht am Hundeknigge, bedeutet ein Zusammensein in vielen Fällen immensen Stress für die Tiere. Es ist beispielsweise nicht immer so einfach für den gastgebenden Hund, wenn der Besucherhund an seinem Liegeplatz vorbeigeht oder an seinem Futternapf schnüffelt. Ein Gasthund verhält sich vielleicht unerwartet zurückhaltend beim Betreten der Wohnung oder einzelner Bereiche – einfach weil ihm der gastgebende Hund signalisiert: »Halte Abstand!« Unter Umständen fängt der Gasthund an, in der fremden Wohnung zu markieren, obwohl er stubenrein ist. Dieses Problem betrifft keinesfalls nur Rüden, auch wenn es bei ihnen häufiger vorkommt. Hündinnen haben bisweilen ebenfalls das Bedürfnis, zu markieren. Dies ist zum einen unangenehm und erfordert eine Putzaktion. Zum anderen lässt sich der Uringeruch selbst durch gründliche Reinigung meist nicht so entfernen, dass er für Hunde nicht mehr wahrnehmbar wäre. Deshalb passiert es häufig, dass der in der Wohnung lebende Hundes ebenfalls an den »bepinkelten« Stellen markiert, um seinen Revieranspruch deutlich zu machen. Die bloße Anwesenheit eines fremden Hundes kann unter Umständen den in der Wohnung lebenden Hund ebenfalls zum Markieren veranlassen, zum Beispiel im

Rahmen des Imponierverhaltens – dazu gehört in vielen Fällen auch das Urinmarkieren. Oder er hat das dringende Bedürfnis, sein Revier durch Urinmarken abzugrenzen. Dies geschieht oftmals auch noch einige Zeit nachdem der andere Hund schon wieder gegangen ist.

 Manche Hunde dulden überhaupt keinen Artgenossen in ihrem Zuhause, dies sollten Sie akzeptieren. Auch wenn diese Vierbeiner draußen gut mit Artgenossen zurechtkommen oder sie zumindest tolerieren, bedeutet es noch lange nicht, dass es auch in den eigenen vier Wänden gut geht …

Die meisten Hunde benötigen in diesen Besuchs-Situationen etwas Hilfestellung und Anleitung durch ihre Besitzer. Geschickt ist es, wenn Sie zuvor mit den Hunden spazieren gehen, damit die Vierbeiner sich etwas austoben und miteinander vertraut machen können. Stellt sich bereits während des Spaziergangs heraus, dass sich die Hunde nicht vertragen oder ein Hund den anderen ständig bedrängt und/oder belästigt, sollten die Hunde in der Wohnung besser getrennt werden, bzw. Sie verzichten auf diesen Besuch.

Außerdem muss es vonseiten der Hundebesitzer einheitliche Regeln für das Verhalten in der Wohnung geben. Klären Sie das vorher mit dem anderen Hundebesitzer ab. Es ist unbefriedigend, wenn ein Hundebesitzer erwartet,

dass die Hunde ruhig auf ihren Decken liegen, während der andere das Tobespiel durch die Wohnung toleriert. Beide Hunde sollten über einen gewissen Grundgehorsam verfügen, notfalls sind die Hunde anfangs noch ange- leint. Bis die Hunde etwas vertrauter sind mit der Situation, bleiben die Hundebesitzer am besten mit dabei. Rennen Sie also zum Beispiel nicht gleich in den Keller oder die Küche, um irgendwelche Getränke zu holen.

Auch unter befreundeten Hunden kann es zu einer Auseinandersetzung über Beute kommen.

Labrador im Stress: der Beagle hat sein Spielzeug und seinen Liegeplatz in Beschlag genommen.

Wollen Sie wirklich zwei Hunde auf Ihrem Sofa haben? Damit die Tiere zur Ruhe kommen können, ist es besser, wenn Sie jedem Hund einen eigenen Liegeplatz zuweisen – am besten nicht dicht nebeneinander und ohne direkten Blickkontakt.

Familienfeiern, Feste und andere Aktivitäten

Familienfeiern und andere Feste stellen oft eine besondere Herausforderung dar.

Für den Hund, weil:

● sich viele und/oder unbekannte Personen im Territorium aufhalten,

● ein ständiges Kommen und Gehen herrscht und es oft wenig Platz zum Ausweichen gibt,

● im Haushalt schon im Vorfeld große Anspannung und Hektik verbreitet wird,

● die Besitzer sich anders als gewohnt verhalten,

● der Geräuschpegel hoch ist,

● die anwesenden Personen bei steigendem Alkoholpegel eventuell beginnen, sich »seltsam« zu verhalten.

Für den Besitzer, weil:

● es fast unmöglich ist – zumindest bei größeren Einladungen – den Hund und die Gäste gleichzeitig im Auge zu behalten,

● meist die Zeit und Konzentration fehlt, um im Bedarfsfall rechtzeitig einzugreifen und den Hund anzuleiten,

● es schwierig ist, ruhig und entspannt zu bleiben, wenn er Angst haben muss, dass der Hund Probleme mit den Gästen machen könnte (und umgekehrt!).

Welche Möglichkeiten gibt es, um Problemen vorzubeugen?

Den Hund dabei lassen: Das ist dann möglich, wenn der Hund absolut keine Probleme mit Besuchern hat, wenig stressanfällig ist, keine Angst vor Lärm und Gedränge hat und die Besucher in der Vergangenheit nicht dadurch aufgefallen sind, dass sie den Hund bedrängen oder ständig an ihm herumerziehen.

Eine Grundvoraussetzung ist, dass sich zumindest eine dem Hund vertraute Person für ihn verantwortlich fühlt. Diese Bezugsperson beobachtet den Hund und erkennt, wann er sich unsicher fühlt. Sie gibt ihm Hilfestellung, indem sie ihn beispielsweise zu sich ruft, ihm einen Rückzugsplatz anbietet, an dem er nicht belästigt wird oder ihn notfalls außer Reichweite der Besucher bringt.

Räumliche Trennung: Sie ist anzuraten, wenn der Hund in seiner Ausbildung noch nicht so weit fortgeschritten ist, dass er problemlos mit dabei sein kann und sich durch das unkontrollierte Zusammensein wieder Trainingsrückschritte ergeben könnten. Oder wenn er durch sein Verhalten die Besucher in Gefahr bringen könnte. Für manche Hundepersönlichkeiten sind Feste grundsätzlich eine zu große Belastung und man tut ihnen keinen Gefallen, wenn man sie unbedingt dabei haben will.

Erlauben Sie den Besuchern nicht, den Rückzugsbereich des Hundes ohne Ihre Begleitung zu betreten, notfalls schließen Sie ab oder hängen eine entsprechende Notiz an die Türe.

Je nach Dauer des Besuchs wird es nötig sein, den Hund zwischendurch mal auszuführen.

Für diesen Hund ist der Rückzug in einen sicher abgegrenzten Gartenbereich eine gute Lösung. Hier kann er am besten zur Ruhe kommen und muss sich nicht mit den Besuchern auseinandersetzen.

Dies sollte so unspektakulär wie möglich geschehen, gehen Sie nach Möglichkeit nicht mitten durch die Gästeschar.

Unterbringung außer Haus: Handelt es sich um nur wenige Stunden (bei einem Kindergeburtstag beispielsweise), so könnte der Hund in dieser Zeit mit einem vertrauten Menschen einen schönen Spaziergang machen, im Auto mitgenommen werden o.Ä.

Sollte es nötig sein, den Hund für längere Zeit von ihren Gästen zu trennen, z.B. weil sich Übernachtungsgäste angekündigt haben, so kann es – je nach Trainingsstadium und räumlichen Möglichkeiten – auch notwendig sein, den Hund ggf. für einige Zeit oder ein paar Tage außer Haus unterzubringen. Sollten sie keine Freunde oder Bekannte haben, denen Sie den Hund guten Gewissens überlassen können, kann auch über eine Unterbringung in einer Tierpension nachgedacht werden.

Mehrere Hunde im gleichen Haushalt

Manche Hundebesitzer entscheiden sich dafür, zwei oder mehrere Hunde zu halten. Diese Vierbeiner können eine sehr unterschiedliche Einstellung Besuchern gegenüber haben, selbst wenn sie der gleichen Rasse angehören oder es sich sogar um miteinander verwandte Hunde handelt.

Für die meisten Gäste ist es ungewohnt, wenn sie gleich mehreren Hunden gegenüberstehen. Manche fühlen sich sogar stark verunsichert, unabhängig davon, ob die Hundeschar unkompliziert und umgänglich ist oder mit unerwünschtem Verhalten reagiert. Die Besitzer von mehreren Hunden sollten deshalb besonders darauf achten, dass sich ihre Besucher nicht von den Hunden belästig oder gar bedroht fühlen.

Eine fast ideale Situation: unkomplizierte Hunde und ein Gast, der – auch auf mehrere große Hunde – so entspannt und freudig reagiert, wie dieser Besucher.

Besuchs-Management im Mehr-Hunde-Haushalt

Sind sich die Hunde im Charakter sehr ähnlich, so fällt es den Besitzern meist nicht schwer, bei der Ankunft und der Anwesenheit von Besuchern für alle Hunde die gleichen Regeln gelten zu lassen. Schwieriger wird die Sache dann, wenn z.B. der eine Hund freundlich und behutsam mit Besuchern umgeht, der andere Hund jedoch stürmisch auf die Besucher losrennt, Angst vor ihnen hat oder sich aggressiv verhält.

Wenn die Hunde recht unterschiedlich reagieren, sind viele Besitzer unsicher, wie sie sich dem einzelnen Hund gegenüber verhalten sollen. Sie möchten einerseits dem unkomplizierten Hund nicht die Freude über die Besucher vermiesen, andererseits ist es nicht so einfach, gleichzeitig darauf zu achten, dass der problematische Hund unter Kontrolle bleibt. Im Prinzip wäre es möglich, den einen Hund bei der Begrüßung dabei sein zu lassen, während der andere von den Gästen getrennt oder zumindest in gebührendem Abstand bleiben muss. Allerdings hat so mancher Hundebesitzer ein schlechtes Gewissen, wenn er seine Hunde nicht gleich behandelt oder er glaubt, es würde den schwierigen Hund noch schwieriger machen, wenn er nicht die gleichen Rechte hat, wie der/die andere/n Hund/e. Diese Sorge ist jedoch unbegründet.

Möchte man dem Hund gerecht werden, muss die Ankunft und Anwesenheit der Besucher so ruhig und stressfrei wie möglich verlaufen – und zwar für alle Hunde.

Zunächst sollten daher alle Hunde – also auch die unproblematischen – vor der Ankunft der Besucher auf einen speziell für sie bestimmten Liegeplatz geschickt werden. Zum einen wird dadurch sichergestellt, dass es zu keinen Problemen mit den Besuchern kommen kann. Zum anderen wird auf diese Weise verhindert, dass der aufgeregte Hund das Interesse der anderen Hunde auf sich zieht, was oft dazu führt, dass diese sich ebenfalls aufregen, selbst wenn sie den Grund dafür zunächst gar nicht kennen. Wiederholt sich diese Situation mehrmals bei der Ankunft von Besuchern, so kann es durchaus passieren, dass alle Hunde unerwünschtes Verhalten gegenüber den Besuchern zeigen, also auch diejenigen, die eigentlich unproblematisch waren.

Am elegantesten und besucherfreundlichsten ist es, wenn sich die Hunde bereits bei Ertönen der Türglocke auf ihre Liegeplätze begeben (siehe Kapitel 2). Ihre Besucher werden es Ihnen auf jeden Fall danken.

Wer geht wohin?

Die Liegeplätze sollten für jeden Hund an der für ihn passenden Stelle positioniert werden. Bei mehreren Hunden müssen Sie nicht nur überlegen, welchen Abstand zu den Besuchern der einzelne Hund benötigt, sondern auch, welche Ihrer Hunde nicht miteinander oder dicht nebeneinander platziert werden dürfen, z.B. weil sie sonst sofort anfangen würden, miteinander zu spielen oder weil sie sich in direkter Nähe zu ihrem Artgenossen nicht wohlfühlen. Kann ein bestimmter Hund gar nicht mit den Besuchern zusammen gelassen werden, auch wenn sich die Situation beruhigt hat, so ist es empfehlenswert, seinen Liegeplatz an einer für die Besucher nicht einsehbaren Stelle oder in einem separaten Zimmer einzurichten und den Hund während des gesamten Besuches dort zu lassen.

Generell sollte den Hunden der Kontakt zu den Besuchern erst erlaubt werden, wenn sich alle Hunde beruhigt haben und entspannt auf ihren Plätzen geblieben sind.

Darf nur ein Hund aufstehen, um Kontakt mit den Besuchern aufnehmen zu können, sollten sich die Besucher bitte möglichst neutral ihm gegenüber verhalten. Auf diese Weise kann vermieden werden, dass es erneut zu Aufregung kommt und man es so dem Hund, der noch auf seinem Liegeplatz ist, noch schwerer macht, auch tatsächlich liegen zu bleiben.

Liegeplatz-Training bei mehreren Hunden:

Zunächst wird das Liegeplatztraining mit jedem Hund einzeln durchgeführt. Als Signal kann z.B. ein bestimmtes Wort mit dem jeweiligen Hundenamen gewählt werden, z.B. »Ringo Decke«, »Lilli Decke«. Das setzt allerdings voraus, dass die Hunde bereits zuvor gelernt haben, ihre Aufmerksamkeit beim Erklingen ihres Namens auf die Person zu richten, die den Namen ausgesprochen hat. Noch einfacher und sicherer funktioniert die Übung jedoch, wenn für jeden Hund ein eigenes Signal für den Liegeplatz gewählt wird, beispielsweise für Hund 1: »Pause« und für Hund 2: »Korb«. Lässt sich jeder Hund problemlos ohne Ablenkung auf seinen Liegeplatz schicken, kann mit den nachfolgenden Übungsschritten (siehe Kapitel 2) begonnen werden. Dazu sind in der Regel eine oder, je nach Anzahl der Hunde, mehrere Hilfspersonen nötig, welche gegebenenfalls mittels Hausleine dafür sorgen, dass sich die Hunde tatsächlich zügig auf ihre Liegeplätze begeben und sie notfalls zurückbringen, falls sie nicht liegen bleiben sollten.

Zwei Hunde so zu erziehen, dass sie sich in Besucher-Situationen gut kontrollieren lassen, ist keine leichte Aufgabe.
Ist einer der Hunde misstrauisch oder gar aggressiv gegenüber Besuchern, so kann es leicht passieren, dass der zweite Hund dieses Verhalten übernimmt, auch wenn er eigentlich Fremden gegenüber neutral oder gar aufgeschlossen ist.

Der Bürohund

Für einige Hundebesitzer ist es möglich, ihren Hund mit an den Arbeitsplatz zu nehmen. Allerdings wird dann meist erwartet, dass sich der Hund hier problemlos anpasst und sich mit Besuchern genauso arrangiert, wie mit den Kollegen. Wenn Sie als Chef im eigenen Betrieb Ihren Hund mit dabei haben, sind sie vermutlich etwas flexibler und können deutlich mehr Einfluss nehmen, beispielsweise auf die räumliche Unterbringung des Tieres oder das Verhalten der Mitarbeiter. Als Arbeitnehmer müssen Sie sich meist an bestimmte Vorgaben halten und sind häufig auf die Toleranz von anderen angewiesen.

Für das Zusammentreffen mit anderen Personen gelten am Arbeitsplatz im Prinzip die gleichen Regeln wie für die Besuchs-Situationen daheim. Unter Umständen ist es jedoch etwas schwieriger, diese einzuhalten: Die Räumlichkeiten sind nicht immer optimal, Sie selbst sind natürlich vorrangig da, um zu arbeiten und nicht, um den Hund zu erziehen. Die beteiligten Menschen sind zudem nicht aus Ihrem privaten Kreis, sondern je nach Situation Mitarbeiter, Kunden oder Chef.

Diese Konstellation muss nicht nur nachteilig sein. So berichten uns viele Hundebesitzer, dass ihr Hund im Büro sehr gut folgt und z.B. zuverlässig auf seiner Decke unter dem Schreibtisch bleibt oder von den anwesenden Personen keinerlei Aufmerksamkeit einfordert, während er Zuhause durchaus Besucher belästigt oder sogar aggressiv auf diese reagiert. Die Erklärung ist recht einfach: Am Arbeitsplatz ist es erforderlich, zielgerichtet und konsequent zu üben. Nachlässigkeit beim Üben und ein störender Hund hätten ernsthaftere Folgen als Zuhause.

Damit das Unternehmen »Hund am Arbeitsplatz« für alle Beteiligten angenehm verläuft, sollten bereits im Vorfeld einige Punkte beachtet werden:

Richten Sie einen Rückzugsort ein: Das kann die vertraute Liegedecke sein, ein Körbchen oder eine Hundebox. Sie hat den Vorteil, dass Sie die Türe schließen können, wenn Sie mal den Raum verlassen oder sich nicht gleichzeitig um Hund, Arbeit und Besucher kümmern können. Ein geeigneter Platz dafür könnte eine ruhige Raumecke sein, der Hund muss unbedingt ungestört schlafen können. Ist er immer hellwach und auf Spannung, ist ein ganzer Arbeitstag viel zu belastend für ihn – Nervosität oder unerwünschtes Verhalten ist vorprogrammiert. Der Hund darf am Liegeplatz nicht bedrängt werden, sollte er doch mal im Weg sein, wird er weggerufen. Auf keinen Fall sollte er näher an der Türe platziert sein als Sie.

Das muss geübt werden: Machen Sie Ihren Hund mit den neuen Räumlichkeiten vertraut. Auch wenn er zu Hause bereits ganz entspannt auf seiner Decke liegen bleibt, muss Ihr Hund eventuell das Bleiben am Rückzugsort im Büro erst lernen. Nehmen Sie ihn anfangs nur für kurze Zeit mit und zu einer Zeit, in der kein Publikumsverkehr herrscht oder die Kollegen ein und aus gehen.

Wenn sich der Hund am Arbeitsplatz frei bewegen darf, ist ein sicherer Rückruf unumgänglich, damit Sie ihn jederzeit kontrollieren können.

Sie kennen Ihren Hund am besten und entscheiden, wann und in welcher Form er Kontakt zu Kollegen oder Besuchern hat. Für manchen Hund ist es ausgesprochen schwierig, wenn eine Person mit ihm spielt und ihm große Aufmerksamkeit schenkt, er sich aber im nächsten Moment wieder auf seinen Liegeplatz begeben und dort ruhig liegen bleiben soll.

Besprechen Sie mit den Kollegen, welche Regeln im Umgang mit dem Hund gelten. Er sollte beispielsweise nicht gefüttert oder ständig angesprochen werden. Hilfreich ist es auch, wenn sie ein oder zwei Personen haben, die sich im Notfall um den Hund kümmern könnten und ihn betreuen, wenn Sie mal kurz nicht anwesend sein können.

Probleme – Was tun wenn?

Der Hund gibt keine Ruhe und fordert Aufmerksamkeit

Vermeiden Sie allzu lebhafte Begrüßungen, wenn Kollegen oder Besucher den Raum betreten, auch wenn sich Hund und Mensch sehr mögen. Hereinzukommen ist etwas Selbstverständliches und geschieht ohne Einmischung des Hundes.

Trainieren bzw. festigen Sie das zuverlässige Bleiben am Rückzugsort trotz Ablenkung – jedoch immer nur im Rahmen der Möglichkeiten des Hundes. Ein junger Hund kann noch nicht einen vollen Arbeitstag lang ruhig unterm Schreibtisch liegen. Achten Sie hier verstärkt darauf, dass der Hund am Rückzugsort in Ruhe gelassen wird. Die Anweisung an den Hund, wann er den Liegeplatz verlassen darf, sollte zunächst nur von Ihnen kommen. Sie legen auch fest, wann der Hund gestreichelt oder in welcher Form mit ihm gespielt werden kann. Gehen Sie zuvor ausreichend mit dem Hund spazieren, damit er ausgelastet ist. Dann haben Sie auch kein schlechtes Gewissen oder meinen, ständig reagieren zu müssen, wenn er unruhig ist.

Der Hund bellt Personen an, die den Raum betreten

In der Enge eines Büros ist der Sicherheitsabstand, den ein Hund benötigt, sehr schnell unterschritten. Ein Sichtschutz kann hier etwas Abhilfe schaffen, eventuell müssen Sie den Rückzugsort neu platzieren.

Ist zu befürchten, dass der Hund auch aggressiv auf eintretende Personen reagiert, sollte er so untergebracht werden, dass er keinen Kontakt zu Fremdpersonen hat – in einer Hundebox, hinter einem Absperrgitter oder in einem gesonderten Raum.

Wenn keine Gefahr für andere besteht, können Sie gezielt daran arbeiten, dass der Hund seinen Rückzugsort aufsucht, anstatt die eintretenden Personen anzubellen:

● **Möglichkeit 1**

Sie wissen, wann eine Person Ihren Bereich betritt (es wird geklopft oder geklingelt usw.) – gehen Sie vor, wie in Kapitel 2 »Liegeplatz – Üben mit Besuchern« beschrieben ist.

● Möglichkeit 2

Treten die Personen unangekündigt ein, so kann man durchaus manchen Hunden beibringen, dass das Eintreten für sie »Rückzugsort« bedeutet, ähnlich wie in Kapitel 2 »Bei Klingeln – Rückzugsort« beschrieben.

Hier ist das Liegeplatz-Training gut gelungen: Die beiden Retriever bleiben entspannt an ihrem Rückzugsort, obwohl dieser sich in einer stark frequentierten Werkstatt befindet und zudem auch noch die Bürokatze mit dabei liegt.

Allerdings ist ein solches Training zeitintensiv und unter den Bedingungen am Arbeitsplatz oft schwer durchzuführen. Anfangs sollten Sie nur mit bestellten Übungsbesuchern arbeiten, sodass Sie sich voll auf den Hund konzentrieren können. Solange sich der Hund noch nicht zuverlässig auf seinen Platz zurückzieht oder wenn zu erwarten ist, dass Fremdpersonen unerwartet dem Raum betreten, sollte er nach Möglichkeit noch nicht im normalen »Tagesgeschäft« mit dabei sein.

Kind und Hund

Kindern tut es außerordentlich gut, wenn sie die Gelegenheit haben, mit Tieren aufzuwachsen – Kinder und Hunde können wunderbar zusammenpassen. Eine wichtige Voraussetzung dafür ist, dass die Kinder im Umgang mit dem Hund von den Erwachsenen angeleitet und begleitet werden.

Wenn Kinder zu Besuch kommen ...

Eine Statistik aus der Schweiz aus dem Jahr 2009 (Schweizerische Eidgenossenschaft, Bundesamt für Veterinärwesen BVET, **Vereinigung der Schweizer Kantonstierärztinnen und Kantonstierärzte** (2009): Jahr 2009: Gesamtbild der Vorjahre bestätigt. http://www.bvet.admin.ch/tsp/02222/02230/02233/index.html), in der alle gemeldeten durch Hunde zugefügten Bissverletzungen beim Menschen aufgeführt werden, zeigt sehr deutlich, dass

Lassen Sie Besucherkinder und den Hund nie allein – auch nicht, wenn das Kind sehr vernünftig und der Hund ausgesprochen unkompliziert ist.

vor allem Kinder unter 10 Jahren im Vergleich zu anderen Altersgruppen besonders häufig betroffen sind. In dieser Altersgruppe passieren die meisten Beißzwischenfälle (53 %) mit einem Hund, der den Kindern bekannt ist (aber nicht zur Familie gehört). 37 % der Vorfälle ereignen sich dort, wo der Hund zu Hause ist.

Dies macht noch einmal deutlich, wie wichtig es ist, beim Zusammentreffen von Hund und Besucherkindern besondere Vorsicht walten zu lassen. Selbst wenn Ihr Hund im Umgang mit den eigenen Kindern sehr gelassen und geduldig ist, heißt das leider nicht unbedingt, dass er sich fremden Kindern gegenüber genauso verhält. Besonders problematisch wird es dann, wenn der Hund auch gegenüber den eigenen Kindern schnell unsicher oder genervt reagiert. (In den gemeldeten Fällen wurden 11 % der verletzen Kinder unter 10 Jahren vom eigenen Hund zu Hause gebissen!)

Dabei liegt das Problem keinesfalls immer beim Hund – fremde Kinder sind häufig nicht geschult im richtigen Umgang mit dem Hund. Viele haben Angst und reagieren sogar panisch, wenn ein Hund auf sie zukommt, andere versuchen, den Hund anzufassen und/oder bedrängen ihn dabei sogar heftig, weil sie ihn gerne streicheln möchten.

Wie soll man sich nun konkret verhalten, wenn Kinder zu Beuch kommen? Hier zunächst einige Fragen, die Sie sich im Vorfeld stellen sollten:

- Wie verhält sich der Hund generell gegenüber Besuchern? Darf er bei erwachsenen Besuchern normalerweise mit dabei sein oder muss er bei deren Ankunft oder gar während des ganzen Besuches von ihnen getrennt werden? Im letzteren Fall ist es natürlich unbedingt erforderlich, dass der Hund auch von Besucherkindern getrennt bleibt.

- Wie verhält sich Ihr Hund gegenüber Kindern? Welche Erfahrungen haben Sie in diesem Bereich bereits gemacht? Ist er schnell verunsichert, reagiert er hektisch oder aggressiv? Lässt er sich gerne streicheln, findet er das Spiel mit den Kindern gut (z.B. Bällchen holen, Kinder suchen usw.) oder zieht er sich nach kurzer Zeit zurück und möchte seine Ruhe haben?

- Inwieweit dürfen/sollen/möchten Sie ein fremdes Kind »erziehen«, ihm etwas verbieten oder im passenden Umgang mit dem Hund anleiten?

Da wir diese Fragen nicht für Sie beantworten können, möchten wir Ihnen als Entscheidungshilfe ein paar Überlegungen aufzeigen.

Der Hund ist problemlos und die Besucherkinder sind sehr vernünftig: Dann spricht nichts dagegen, wenn Hund und Kinder zusammen sind. Jedoch sollten Sie immer ein Auge darauf haben, denn sehr schnell können Situationen entstehen, an die Sie vorher nie gedacht hätten. Die Kinder rennen beispielsweise aus der Wohnung und lassen die Türe offen, der Hund wird ins Spiel mit einbezogen, umarmt oder mit Kuchen gefüttert. Besonders dann, wenn die Kinder sehr lebhaft toben oder sich streiten, sollten Sie sofort zur Stelle sein und den Hund besser von den Kindern trennen

und beispielsweise zu sich holen. Das Risiko, dass der Hund die Aktionen der Kinder missversteht, ist groß – auch bei Hunden, die eigentlich gut an Kinder gewöhnt sind.

Die Kinder fürchten sich vor dem Hund: Je nach Alter bringen Kinder ihre Verunsicherung recht unterschiedlich zum Ausdruck: Sie weinen, rennen weg, bewegen sich hektisch, unsicher oder wehren den Hund schon vorbeugend ab. Dadurch wecken Sie aber meist das Interesse des Hundes und er wendet sich den Kindern zu, die dann erst recht ängstlich werden.

In solch einem Fall sollten Kind und Hund bei der Ankunft des Besuches auf jeden Fall getrennt werden. Wenn sich alles beruhigt hat und die Eltern des Kindes dies wünschen, kann versucht werden, das Kind an die Anwesenheit des Hundes zu gewöhnen. Das geschieht am besten, wenn der Hund möglichst ruhig auf seinem Liegeplatz im gleichen Raum bleibt und das Kind auf diese Weise feststellen kann, dass sich der Hund ihm nicht einfach nähert. Hat das Kind ein wenig Vertrauen gefasst, so können Sie den Hund, wenn er das kann, in gebührendem Abstand ein paar Übungen oder Kunststücke machen lassen. Auch das zeigt dem Kind, dass die Situation unter Kontrolle ist. Setzen Sie das Kind bitte keinesfalls unter Druck, indem Sie es immer wieder dazu auffordern, sich dem Hund zu nähern, ihn anzufassen oder zu füttern! Das Kind wird es Ihnen schon mitteilen, wenn es Kontakt mit dem Hund haben möchte.

Vergessen Sie bei all Ihren Bemühungen um das ängstliche Kind nicht das Befinden Ihres Hundes. Er darf dabei nie überfordert oder

Achtung:

→ Es ist schön, wenn Kinder langsam ihre Scheu vor dem Hund verlieren, jedoch bedarf es dann auch besonderer Sorgfalt. Manche Kinder werden schnell sehr mutig, sie haben ja nun gelernt, dass dieser Hund »ungefährlich« ist und neigen dann zu spontanen Handlungen.

Besprechen Sie auch mit Ihrem Kind wichtige und häufig vorkommende Situationen: Zum Beispiel, wie es reagieren sollte, wenn es allein zu Hause ist und Besuch kommt. Falls es erforderlich ist, sollten Sie bestimmte Handlungsabläufe mit Kind und Hund üben – z.B. erst den Hund an seinen Rückzugsort bringen und dann die Türe öffnen.

gar bedrängt werden. Ist er selbst unsicher, so sollte auf einen direkten Kontakt lieber verzichtet werden, denn schreckhafte Bewegungen des Kindes können zu unerwünschten Reaktionen des Hundes führen.

Die Kinder suchen Kontakt zum Hund: Manche Kinder freuen sich schon seit Tagen auf den Besuch bei dem Hund. Verhält sich Ihr Hund bekanntermaßen unproblematisch gegenüber Kindern, dann könnten diese unter ihrer Anleitung Kontakt zum Hund haben. Achten Sie darauf, dass das Zusammensein nur auf eine Art und Weise passiert, die Sie selbst gutheißen. Wenn ein Kind jedoch dem Hund vor lauter Begeisterung keine Ruhe lässt, ihn ständig anspricht, erziehen oder umarmen möchte, müssen Sie eingreifen. Trennen Sie Kind und Hund am besten für eine Weile, zum Beispiel indem Sie ihn auf seinen Liegeplatz schicken und dem Kind klarmachen, dass er jetzt in Ruhe gelassen werden muss. Das gilt natürlich, sobald zu erkennen ist, dass sich der Hund mit der Situation überfordert fühlt! Hält sich das Kind nicht an Ihre Vorgaben, so wird der Hund am besten in einen anderen Raum gebracht bzw. das Kind muss den Raum verlassen, in dem sich der Lie-

geplatz des Hundes befindet. Diese Maßnahme hat erfahrungsgemäß die beste Wirkung, wenn es darum geht, dem Kind zu vermitteln, dass es nur Kontakt zu dem Hund haben darf, wenn es sich an die von Ihnen aufgestellten Regeln hält.

Begrenzen Sie aber in jedem Fall die Zeitdauer der Beschäftigung. Zum einen können sich Kinder (je nach Alter) meist nur kurze Zeit konzentrieren, um sich sinnvoll mit dem Hund zu beschäftigen. Auch Ihr Hund braucht nach einer gewissen Zeit einfach eine Pause. Spätestens wenn Sie bemerken, dass er unsicher wird, sich zurückziehen möchte oder nicht mehr mitarbeitet, müssen Sie den Kontakt unterbrechen.

Schlusswort

»Mut zur Lücke« – Mein Hund muss nicht alles können!

Eines der häufigsten Probleme, mit denen uns Hunde in der Praxis vorgestellt werden, ist unerwünschtes Verhalten gegenüber Besuchern: Die Hunde bellen und springen die Besucher an und/oder zeigen ihnen gegenüber aggressives Verhalten. Der Hund begrüßt die betagte Tante allzu stürmisch oder reagiert verunsichert, wenn Fremde die Wohnung betreten.

Dabei stellen wir zunehmend fest, dass viele Hundebesitzer unter einem enormen Druck stehen. Die Verwandtschaft und der Bekanntenkreis, ja man hat bisweilen sogar den Eindruck die gesamte Öffentlichkeit, beobachten Sie und Ihren Hund mit Argusaugen. Verhält sich der Hund nicht so, wie es sich nach Ansicht der jeweiligen Person gehört (die Ansichten können dabei durchaus erheblich voneinander abweichen), wird nicht mit Kritik, Vorwürfen und guten Ratschlägen gespart. Im Dschungel der vielen – manchmal sogar widersprüchlichen – Informationen und im Bemühen, es allen recht zu machen, verliert so mancher Hundebesitzer ein wenig die Orientierung: »Was sollte ich tun, was muss ich tun und was ist eigentlich normal?«

Bei vielen Verhaltensweisen des Hundes, die vom Menschen als überaus lästig und unangenehm empfunden werden, handelt es sich tatsächlich um völlig normales Hundeverhalten. Trotzdem können Sie natürlich nicht zulassen, dass Ihr Hund Besucher bedrängt oder gar bedroht. Selbstverständlich sollten Sie bei der Erziehung Ihres Hundes möglichst viel dafür tun, damit die Begegnungen zwischen Besuchern und dem Hund erfreulich verlaufen. In den meisten Fällen ist es durchaus möglich, durch Auswahl des richtigen Trainingszieles, einer guten Vorplanung und dem passenden Trainingsansatz ein für alle Beteiligte erfreuliches Ergebnis zu erzielen. Wir hoffen, dass wir Ihnen hierfür einige hilfreiche Ratschläge und Anregungen mit auf den Weg geben konnten! Sollte sich das Training jedoch komplizierter und aufwändiger gestalten als gedacht oder sollten Sie von Ihrem ursprünglichen Wunschziel etwas abrücken müssen, weil es sich als nicht durchführbar erweist, so denken Sie daran: Ein echter Hundekenner zeichnet sich dadurch aus, dass er die Grenzen des Machbaren erkennt und dazu steht!

Auf Besucher müssen Sie trotzdem nicht verzichten – auch Managementmaßnahmen (oder eine Kombination aus Trainings- und Managementmaßnahmen) sind durchaus vertretbar und erlaubt!

Wir wünschen Ihnen viel Erfolg beim Üben und eine lange, schöne und entspannte Zeit mit Ihrem Hund!

Anhang

Nützliche Adressen

GTVMT Gesellschaft für
Tierverhaltenstherapie e.V.
Dr. Barbara Schöning,
Hohensasel 16,
22395 Hamburg
www.gtvt.de

BHV Berufsverband der Hundeerzieher/innen
und Verhaltensberater/innen e.V.
Auf der Lind 3,
65529 Waldems-Esch
www.bhv-net.de

Adressen von Tierärzten mit Zusatzbezeichnung Tierverhaltenstherapie in Ihrer Nähe
erhalten Sie auch über die jeweiligen Landes-
tierärztekammern.

Zum Weiterlesen

Breuer, Ursula und Schaal, Monika
Hundeverhalten – erkennen und verstehen
Müller Rüschlikon 2006

Breuer, Ursula und Schaal, Monika
Komm zu mir
Müller Rüschlikon 2008

Griebel, Ann-Sophie
Clicker-Training
Müller Rüschlikon 2011

Schaal, Monika und
Daugschieß-Thumm, Ursula
Lockere Leine
Müller Rüschlikon 2008

Krivy, Petra und Griebel, Ann-Sophie
Ein Hund aus zweiter Hand
Müller Rüschlikon 2011

Krivy, Petra und Lanzerath, Angelika
Mein Hund im Flegelalter
Müller Rüschlikon 2011

Krivy, Petra und Lanzerath, Angelika
Einfach gut erzogen
Müller Rüschlikon 2010

Wergowski, Christiane
Alleine bleiben
Müller Rüschlikon 2011

Danke.

Was wäre ein Buch ohne Fotos! Und – wie so häufig – sind Freunde und Familie die ersten Ansprechpartner, wenn es darum geht, passende Fotomodelle und -motive zu finden. Vielen Dank für Euer Engagement und die Bereitschaft, sich und den geliebten Vierbeiner um der Anschaulichkeit willen auch mal schlechter zu präsentieren, als es dem eigentlichen Können entspricht.

Autorenportraits

Monika Schaal arbeitet mit Problemhunden verschiedenster Rassen und ist seit vielen Jahren Ausbilderin für Retriever im Deutschen Retriever Club. Sie ist Buchautorin und Referentin für Themen rund um den Hund, betreut Therapiehunde und engagiert sich für die Rettungshundearbeit.

Ein Schwerpunkt ihrer Arbeit ist die Hund-Mensch-Beziehung. Wenn Hund und Mensch ein Team werden und der Besitzer gelernt hat, mit den Fähigkeiten und Grenzen seines Hundes richtig umzugehen, dann fällt die Ausbildung leichter, egal ob man an einem bestimmten Problem arbeitet, für eine Prüfung trainiert oder »nur« einen alltagstauglichen Hund haben möchte.

Dr. Ursula Breuer ist Tierärztin mit Zusatzbezeichnung Tierverhaltenstherapie und hat sich in ihrer Praxis seit über 20 Jahren auf die Behandlung von Verhaltensproblemen bei Tieren, insbesondere Hunden, spezialisiert. Zudem betreibt sie eine Hundeschule, in der der Schwerpunkt der Arbeit auf die Betreuung und Schulung von schwierigen Hunden und deren Haltern gelegt wird. Sie ist Buchautorin und hält regelmäßig Seminare und Vorträge für Tierärzte, Hundetrainer und Hundebesitzer zu den Themen Hundeverhalten, Hundeerziehung und Verhaltensprobleme.

Schöner Lesestoff!

Geschichten vom Land. Berichte über altes Handwerk.
Wie alte Heilpflanzen nützen. Großmutters Rezepte.
Natürliche Hausdekoration. Die Wunder der Natur.

Mehr lesen Sie bei www.liebes-land.de

Wir schicken Ihnen gerne
ein kostenloses Schnupperheft.
Leserservice Liebes Land
Erich-Kästner-Str. 2
56379 Singhofen
service@liebes-land.de
Tel.: +49 (2604) 978-978
Fax: +49 (2604) 978-979

Foto: © Günther Dotzler/Pixelio.de

Unsere Erfolgsreihen auf einen Blick

Die Reitschule *(Auswahl)*

Heinrich Bergmann-Scholvien, **Arbeit an der Doppellonge**, ISBN 978-3-275-01805-5

Urte Biallas, **Bodenarbeit**, ISBN 978-3-275-01708-9

Urte Biallas, **Bodenarbeitskurs**, ISBN 978-3-275-01830-7

Kerstin Diacont, **Dressur für Fortgeschrittene**, ISBN 978-3-275-01749-2

Monika Hannawacker, **Zirkuslektionen**, ISBN 978-3-275-01831-4

Angelika Schmelzer, **Pferde erziehen**, ISBN 978-3-275-01709-6

Angelika Schmelzer, **Reiten im Gelände**, ISBN 978-3-275-01748-5

Britta Schön, **Mein erster Turnierstart**, ISBN 978-3-275-01777-5

Sabine Schweickert, **Fahren für Einsteiger**, ISBN 978-3-275-01803-1

Viviane Theby, **So lernen Pferde**, ISBN 978-3-275-01804-8

Sigrid Weppelmann/Sandra Mensmann, **Longieren**, ISBN 978-3-275-01727-0

Sigrid Weppelmann, **Basispass Pferdekunde**, ISBN 978-3-275-01750-8

Inga Wolframm, **Angstfrei reiten**, ISBN 978-3-275-01729-4

Die Hundeschule *(Auswahl)*

Annegret Bangert, **Begleithundprüfung**, ISBN 978-3-275-01779-9

Ann-Sophie Griebel, **Clicker-Training**, ISBN 978-3-275-01714-0

Micaela Köppel, **Spiel und Spaß für jeden Tag**, ISBN 978-3-275-01732-4

Petra Krivy/Angelika Lanzerath, **Darf der das?**, ISBN 978-3-275-01835-2

Petra Krivy/Ann-Sophie Griebel, **Ein Hund aus zweiter Hand**, ISBN 978-3-275-01780-5

Petra Krivy/Angelika Lanzerath, **Was ein Welpe lernen muss**, ISBN 978-3-275-01689-1

Petra Krivy/Angelika Lanzerath, **Hunde verstehen**, ISBN 978-3-275-01756-0

Petra Krivy/Angelika Lanzerath, **Einfach gut erzogen**, ISBN 978-3-275-01731-7

Petra Krivy/Angelika Lanzerath, **Mein Hund im Flegelalter**, ISBN 978-3-275-01810-9

Uta Reichenbach/Tanja Sinner, **Agility**, ISBN 978-3-275-01660-0

Monika Schaal/Ursula Breuer, **Komm zu mir!**, ISBN 978-3-275-01623-5

Monika Schaal/Ursula Daugschieß-Thumm, **Lockere Leine**, ISBN 978-3-275-01621-1

Julia Schuster/Jochen Schleicher, **Dog Frisbee**, ISBN 978-3-275-01755-3

Beate Schwarz, **Dummy-Training**, ISBN 978-3-275-01690-7

Manuela van Schewick, **Apportieren mit Spaß**, ISBN 978-3-275-01754-6

Christiane Wergowski, **Alleine bleiben**, ISBN 978-3-275-01659-4

happy cats

Nina Ernst, **Willkommen Katze**, ISBN 978-3-275-01781-2

Nina Ernst, **Zufriedene Stubentiger**, ISBN 978-3-275-01760-7

Gabriele Müller, **Miau – Katzensprache richtig deuten**, ISBN 978-3-275-01782-9

Gabriele Müller, **Katzenspiele**, ISBN 978-3-275-01811-6

Annette Thomée, **Gesunde Katze**, ISBN 978-3-275-01839-0

Jedes Buch mit 96 Seiten,
ca. 80 Abb., broschiert,
je € 9,95/sFr 18,90/€(A) 10,30